职业技术院校烹饪专业教材

广东省职业教育特色教材

烹饪原料与初加工技术

（第二版）

谢飞明 ◎主编

中国劳动社会保障出版社

简 介

本教材共七章,详细讲解了刀工与原料成型技术、烹饪原料的鉴别与选择、蔬菜瓜果类原料及初加工技术、水产品类原料及初加工技术、禽畜类原料及初加工技术、干货原料及其涨发加工技术和调辅原料知识等内容。

本教材为职业技术院校烹饪专业教材,也可作为职工培训用书。

本教材由谢飞明主编,李开洪、刘淑芬参加编写,江镇球审稿。

图书在版编目(CIP)数据

烹饪原料与初加工技术 / 谢飞明主编 . --2 版 . -- 北京: 中国劳动社会保障出版社,2019

职业技术院校烹饪专业教材 广东省职业教育特色教材

ISBN 978-7-5167-3980-8

Ⅰ.①烹… Ⅱ.①谢… Ⅲ.①烹饪－原料－高等职业教育－教材②烹饪－原料－加工－高等职业教育－教材 Ⅳ.① TS972.111

中国版本图书馆 CIP 数据核字(2019)第 111392 号

中国劳动社会保障出版社出版发行

(北京市惠新东街 1 号 邮政编码:100029)

*

北京市艺辉印刷有限公司印刷装订 新华书店经销

787毫米×1092毫米 16 开本 17印张 330千字

2019 年 6 月第 2 版 2024 年 7 月第 7 次印刷

定价: 32.00 元

营销中心电话:400-606-6496

出版社网址:http://www.class.com.cn

http://jg.class.com.cn

改 版 说 明

广东省职业教育特色教材（烹饪）自2011年出版以来，在职业技术院校烹饪专业教学及相关烹饪培训中发挥了重要作用，得到了广大师生的好评。近年来，随着广东省餐饮行业的发展，企业对从业人员的知识水平和技能水平提出了更高的要求。为了适应这一变化，满足学校培养人才的需求，我们收集了餐饮企业对技能型人才的具体要求以及学校对教材使用的反馈意见，组织了一批教学经验丰富、实践能力强的教师及行业专家，对现有教材进行了修订。修订中具体做了以下几方面工作：

1. 继续突出职业教育特色，以企业的岗位需求为前提，结合学校的教学实际，优化了教材的结构和内容。进一步加大了实践性教学内容的比重，技能课教材更新和增加了大量的操作案例，工艺过程讲解更加详细，方便教师开展一体化教学。

2. 贯彻职业资格证书与学历证书并重，职业资格证书制度与就业制度相衔接的精神，教材内容力求涵盖国家有关职业标准及中式烹调师职业技能鉴定考试的需要。

3. 根据广东省餐饮行业发展现状，继承与发展相结合，与时俱进，尽可能多地将新原料、新工艺、新技术、新菜式等内容融入教材，使教材具有创新性和时代特征。

此次教材的修订得到了广东省人力资源社会保障厅的高度重视，并得到了广东省职业技能鉴定指导中心、广东商学院、广东省贸易职业技术学校、湛江市商业技工学校、广州白云工商高级技工学校、肇庆市高级技工学校、深圳第二高级技工学校、深圳市第二职业学校、江门市高级技工学校、佛山市高级技工学校、肇庆商业技工学校、潮州市技工学校、暨南大学深圳旅游学院、珠海市南屏中学、广东厨艺技工学校、湛江市高级技工学校、东莞市高级技工学校、广东省华立高级技工学校、阳江市技工学校的大力支持，在此我们表示诚挚的谢意。

人力资源社会保障部教材办公室
广 东 省 职 业 技 术 教 研 室
2019 年 6 月

目录

第一章
刀工与原料成型技术

学习目标

1. 了解刀工的作用与要求，熟悉刀具的种类

2. 掌握磨刀技术、基本刀法与操作

3. 掌握原料成型与规格等基本知识

刀工是指根据烹调、食用和美化的要求，使用不同刀具，运用各种刀法，将烹饪原料加工成符合烹调要求的各种形状的操作过程。原料被加工成各种形状（块、条、丁、片等）的方法即原料成型技术。刀工不仅使原料成型，确定原料的最后形态，方便烹调，还对菜肴成品的色、香、味、形及营养、卫生、食用等方面起着重要的作用。

第一节 刀工概述

一、刀具的种类及用途

烹饪中常用的刀具，按照其功能大致可分为片刀、切刀、砍刀、锯齿刀等专用刀具。刀具的种类、特点及烹饪用途见表1-1。

表 1-1　　　　　　　刀具的种类、特点及烹饪用途

种类	特点及烹饪用途	图例
砍刀	刀身厚重，专门用于砍带骨及质地坚硬的原料	

种类	特点及烹饪用途	图例
片刀	刀身较窄，刀刃较长，体薄而轻，刀口锋利，使用灵活方便。主要用于切片，也可用于切丝、丁、条、块或制作果盘	
切刀	比片刀略宽、略重，长短适中，刀口锋利，结实耐用。用途广泛，主要用于切块、片、条、丝、丁、粒等	
西餐分刀	长 15～40 厘米，用途较多，是常用的西餐刀具之一	
沙拉刀	长 16～20 厘米，形状与西餐分刀相似，但尺寸较小且刀身较窄，常用于西餐厨房切割蔬菜、水果等	
鱼鳞刨	主要用于鲜鱼除鳞	
镊子刀	主要用于夹除鸡、鸭等身上的杂毛	
尖刀	主要用于剖开鱼腹	

种类	特点及烹饪用途	图例
剔骨刀	主要用于肉类原料的出骨	
片鸭刀	主要用于北京烤鸭的熟料片切	
烤肉刀	主要用于切割大块的烤肉	
牡蛎刀	主要用于撬开牡蛎的外壳	
蛤蜊刀	主要用于撬开蛤蜊的外壳	
锯齿刀	主要用于切面包片和蛋糕等绵软的食物，其独特的锯齿设计还可以切带硬皮而内多汁的水果	

二、刀具的选择

刀具的选择主要从以下三个方面来考虑。

1. 看

刀刃和刀背无弯曲，刀身平整光洁，无凹凸，刀刃平直，无夹灰、无卷口。

2. 听

用手指对刀板用力一弹，声音呈钢性者为佳，余音越长越好。

3. 试

用手握住刀柄，看是否适手、方便。

三、持刀的基本操作姿势

1. 站立姿势

两脚自然分开站稳，身体略向前倾，胸稍挺，不要弯腰曲背，目光注视两手操作部位，身体与砧板保持 10 厘米的距离（图 1–1）。正确的持刀姿势不仅方便操作，而且能提高效率，减少疲劳。

图 1–1　站立姿势

2. 持刀方法

一般以右手握刀，握刀部位适中，用右手大拇指与食指捏着刀身，其余手指与手掌用力握住刀柄，握刀时手腕要灵活而有力（图 1–2）。操作时主要利用腕力，腕、肘、臂三个部位的力量要配合协调，运用自如，不论运用何种刀法，都要做到下刀准，着力均匀。

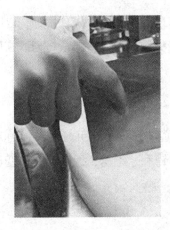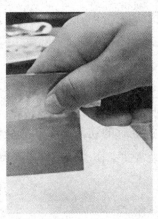

图1-2　持刀方法

3. 操作姿势

　　根据原料的性能，左手按稳原料的力要有大小之分，左手按稳原料的同时移动的距离和移动的快慢必须配合右手落刀的快慢，两手应紧密而有节奏地配合。切原料时左手必须呈弯曲状，手掌后端要与原料略平行，利用中指第一关节抵住刀身，使刀稳稳地切下，刀刃不能高于中指关节，否则容易切伤手指。

四、刀具的保养

1. 了解刀的形状和功能特点

　　要了解刀具的性能特点，根据刀的形状和功能特点，运用正确的磨刀方法，保持刀具锋利和光亮，保证刀刃有一定的弧形。

2. 刀工操作时要仔细谨慎、爱护刀刃

　　操作时要正确使用刀具，片刀不宜斩、砍，切刀不宜砍大骨。运刀时以断开原料为准，合理使用刀刃部位。落刀若遇到阻力，不应强行操作，应及时清除障碍物，不得硬片或硬切，防止伤手指或损坏刀刃。

3. 刀具用完后的清理与保管

　　用刀具加工各种原料时，刀面上都会黏附原料的汁液及各种污物，特别是在切带有咸味、酸味、黏性和腥味的原料（如泡菜、咸菜、番茄、藕、鱼等原料）之后，如不及时清洗，黏附在刀面上的无机酸、碱、盐、鞣酸等物质易使刀具变黑或锈蚀，失去光亮度和锋利度，并会污染其他所切的原料。因此，刀具用完后要及时清理。清理时必须在热水中把刀具洗

净并擦干水分，可用洁布擦净（晾干）水分后在刀面上涂少许食用油，以防止其氧化生锈。刀具用完后要挂在刀架上，不要随手乱放，避免碰损刀口。严禁将刀砍在砧板上。

五、磨刀技术

为了提高原料加工时的切割效率和成型质量，必须使用刀口锋利的刀具。因此，磨刀是刀具保养的一项经常性工作，只有保持刀口锋利、不锈、无缺口、不变形，才不会影响运刀效果。

1. 磨刀工具

磨刀的工具是磨刀石和磨刀棒（图1-3）。磨刀石又分粗磨刀石、细磨刀石和油石三种。油石在实际工作用得不多，在此不做介绍。

磨刀石（双面）

磨刀棒

油石

图1-3　磨刀工具

2. 磨刀方法

（1）用磨刀石磨刀

用磨刀石磨刀一般都是先在粗磨刀石上将刀具磨出锋口，再在细磨刀石上磨好锋刃，以缩短磨刀时间，保证磨刀效果。

1）磨刀时先把刀身上的油污洗净，以免脱刀伤手。

2）将磨刀石放稳固，高度为操作者身高的一半，以操作方便、自如为准。

3）双手持刀，一手握住刀柄，一手扶稳刀身，两脚自然分开或一前一后站稳。

4）将刀平放在磨刀石上，刀口向外。根据刀口原有的角度适当翘起刀背，向前推至磨刀石尽头，然后向后拉回，始终保持刀面与磨面的夹角一致，切不可忽高忽低。不管是前推还是后拉，用力都要平稳、均匀一致（图1-4）。

图1-4　用磨刀石磨刀

5）当磨面起砂浆时，要及时淋水，以免刀身发热。

6）磨刀口两面的力度和次数要一致，这样才能保证磨好的刀口锋利、锋面平直，符合要求。

7）有缺口的刀具应先在粗磨刀石上把缺口磨平，再拿到细磨刀石上磨。

（2）用磨刀棒磨刀

1）用左手握住磨刀棒，右手握住刀柄。

2）两脚自然分开或一前一后站定，胸部稍微向前，将刀刃贴住磨刀棒，刀背略翘起20°左右，右手做一上一下运动。刀口要稳定，以防止刀脱离磨刀棒而对人造成伤害（图1-5）。

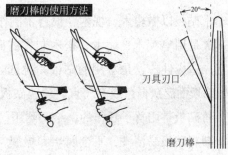

图1-5　用磨刀棒磨刀

3）磨后把刀擦干净即可。

3. 刀具锋利程度的检验

（1）将刀刃朝上，两眼直视刀刃纵向，若刀刃上无白色的亮光，说明刀刃已磨锋利。

（2）将刀洗净、擦干，用指甲在刀刃上横向轻拉，如有涩感表明刀刃已磨锋利，如有打滑表明刀刃未磨好。

六、砧板的使用与保养

1. 砧板的种类

砧板是对原料进行刀工操作时的衬垫工具，行业中常用的砧板有木砧板、竹砧板、塑料砧板等（图1-6）。

木质砧板

塑料砧板

图1-6　砧板

（1）木砧板以橄榄木、枧木、银杏木制作的最好，这类木质砧板的质地紧密，有韧性，耐用。其次是用皂荚木、榆木、松木制作的砧板，松木砧板的数量多，尺寸可以较大，价格也便宜，适应性广，是常用的砧板。挑选时木砧板上的年轮密说明是用老木做的，质量较好；如砧板面泛灰白色或有斑点，说明砧板是用死木甚至是枯木制作的，质量差。

（2）竹砧板是用竹子制作的，结实耐用，节约木材，但新的竹砧板比较硬，易伤刀。

（3）塑料砧板易清洗，不会腐烂和爆裂，可有多种颜色以区分用途。但塑料砧板太滑，不易稳定原料。塑料砧板有弹性，斩骨头时会使刀反弹，使用时要注意。

2. 砧板的使用与保养

（1）新竹、木砧板使用前可放入盐水中浸泡，使其质地更为结实，且不易开裂。

（2）可将食用油涂在新竹、木砧板面上，使砧板的纤维吸油而保持一定的柔韧性。

（3）竹、木砧板使用时间久了，其表面会出现凹凸不平的现象，可用木刨修复，以使砧板面恢复平整。

（4）使用砧板时不可只用一面，应经常轮换使用。

（5）斩骨头时，不要在砧板中间斩，应该靠砧板边使用，这样可以避免砧板面过早变成凹形。

（6）塑料砧板上的刀痕处易藏污纳垢，要经常清理，保持卫生。

（7）不论是竹、木砧板，还是塑料砧板，使用后都要用水冲洗干净，竖起放置于透风处。

第二节　刀工技术

由于烹饪原料种类繁多、形状各异、老嫩不同、大小不一，绝大多数烹饪原料仅经过初步加工还不能直接用于烹调，而且不同的菜肴、不同的烹调方法都对原料有不同的形状要求，因此，必须运用刀工技术将烹饪原料加工成符合烹调和菜肴质量要求的形状。

一、刀工的作用

刀工不仅决定烹饪原料的形状，影响菜肴的"形"，而且对菜肴还有其他多方面的作用。刀工在烹饪中的作用主要体现在以下几方面：

1. 便于烹调

经过刀工处理成块、片、丝、条、丁、粒、末等规格的烹饪原料，其形态、大小、厚薄、长短等规格完全一致，因而烹调时，可在短时间内快速均匀受热，达到均匀成熟的烹调要求。

2. 便于入味

如果将整料或大块原料直接用于烹制，加入的调味品大多停留在原料表面，不易渗透到原料内部，形成菜肴外浓内淡甚至无味的现象。如果将原料切成小料，或在较大的原料表面剞上刀纹，就可以使调味品渗入到原料内部，烹制出的菜肴内外口味一致，香醇可口。

3. 便于食用

整料或大块原料若不经刀工处理，直接烹制食用，会给食用者带来诸多不便。如果能先将原料由大变小、由粗改细、由整切零，然后按照制作菜肴的要求加工成各种形状，再烹制成菜肴，可使人更容易取食和咀嚼，也有利于人体消化吸收。

4. 整齐美观

"形"是评价菜肴质量的重要标准之一，各种烹饪原料经过整齐、均匀、一致的刀工处理，会使烹制出的菜肴协调美观，给人以美的视觉感受，增加食欲。尤其是运用剞刀法加工的原料，经烹制后，原料会卷曲成美观的形状，使菜肴显得更加丰富多彩、赏心悦目、美不胜收。

二、刀工的基本要求

要研究和掌握刀工技术，首先要了解有关刀工方面的基本要求，只有掌握了这些基本要求，才能进一步研究刀工操作的各项技术。刀工的基本要求主要有以下几点：

1. 姿势正确、精神集中

刀工操作时要精神集中、目不旁视，不能左顾右盼、心不在焉，避免刀起刀落时发生意外，也不能边操作边说笑，污染原料。

2. 密切配合烹调要求

根据不同的烹调方法采取相应的刀工处理方法。例如，用于爆、炒的原料因需旺火短时间加热，应切得小一点、薄一点；而用于煨、炖的原料需要长时间加热，宜切得较大较厚一些。有的菜肴特别讲究造型美观，需要运用相应的花刀技法对原料做进一步处理。

3. 根据原料的特性下刀

加工时首先应根据原料的特性来选择刀法，例如切牛肉时，牛肉质老筋多，必须横着纤维纹路切，才能把筋络切断，烹调后肉质才嫩；而切猪瘦肉时，因为猪瘦肉的肉质比较细嫩，肉中筋络少，应斜着纤维纹路切，才能保证烹调后猪肉既不易散断又不老。

4. 整齐均匀、符合规格

原料在进行刀工处理时应根据要求，做到整齐、大小一致，烹调时原料才能受热均匀、成熟度一致。

5. 清爽利落、互不粘连

刀工处理原料时必须清爽利落，该断的必须断，丝与丝、条与条、片与片之间必须截然分开，不可"藕断丝连"；该连的则必须连，如胗球、腰花等。这不仅是为了使菜肴外形美，而且也是为了烹调时火候与时间均匀一致，确保菜肴的口味与质量。

6. 合理使用原料，做到物尽其用

刀工处理原料时要根据手中的原料努力做到大材大用、小材小用、精打细算，分档原料要心中有数，尽可能使原料的各个部位都能得到合理、充分的利用，懂防浪费，尤其是大料改小料时，只选用原料中的某些部位，这种情况下，对暂时用不着的剩余原料，要巧妙安排，合理利用。

7. 注意卫生，做好储存保管

原料切改完毕必须进行妥善的储存和处理，以防原料变质影响菜肴的质量。

三、基本刀法

刀法就是使用不同的刀具将原料加工成一定形状时采用的各种不同的运刀技法。由于烹饪原料的种类及烹调方法的多样性，需要运用不同的方法将原料加工成不同的形状，以便于烹调和食用，并美化菜肴，因此产生了各种运刀的方法。

根据刀与原料及砧板接触的角度不同，刀法可分为直刀法、平刀法、斜刀法和其他刀法四类。刀法种类的划分如图1-7所示。

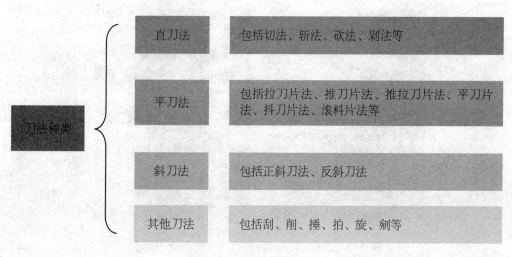

图 1-7　刀法的种类

1. 直刀法

直刀法是刀刃朝下，刀与原料和砧板平面成垂直角度的一类运刀方法，按用力的大小和手、腕、臂膀运动的方式，直刀法又可分为切、斩、砍、剁等几种。

（1）切

切是在保证刀面与砧板垂直的前提下，由上而下运刀的一种刀法。切时主要运用手腕的力量，并施以小臂的辅助。切适用于蔬菜瓜果和已经去骨的畜肉、禽肉类原料。根据运刀方向的不同，切又分为直切、推切、拉刀切、锯切、滚料切等切法。

1）直切

【操作方法】刀与原料及砧板垂直，刀身始终平行于原料切面，运刀由上而下，均匀用力（图1-8）。

【应用范围】适用于加工莴笋、黄瓜、萝卜、菜头、莲藕等脆性的植物原料。

【技术要领】

①右手正确地握稳刀具，刀身紧贴左手中指第一关节指背，运用腕力，稍带动小臂，用刀刃的前半部分一刀一刀跳动直切。

②左手自然弯曲成弓形，轻轻按稳堆码好的原料，并按所需原料的规格均匀呈蟹爬姿势不断向后移动，务必保证匀速移动。右手持刀随左手移动，以原料规格的标准取间隔距离，确保所切原料间距一致。

③刀口始终与砧板垂直，不能偏内斜外，保证断料整齐、美观。

2）推切

【操作方法】刀与原料和砧板垂直，运刀由上而下，向外推切原料（图1-9）。

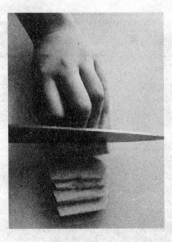

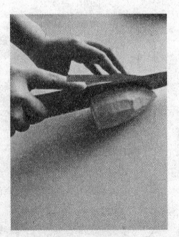

图1-8　直切　　　　　　　　　图1-9　推切

【应用范围】适用于加工豆腐干、大头菜、肝、腰、肉丝、肉片、猪肚等细嫩易碎或有韧性、较薄较小的原料。

【技术要领】

①操作时左手四指自然弯曲按稳原料，右手持刀，运用小臂和手腕的力量，从刀刃的前部分推至刀刃后部分时刀刃与砧板吻合，一刀到底，一刀断料。

②推切时，要根据原料的性质用刀，对质嫩的原料（如肝、腰等）下刀宜轻，对韧性较强的原料（如大头菜、腌肉、肚等）运刀的速度宜缓。

3）拉刀切

【操作方法】刀与砧板垂直，刀的着力点在刀刃的前端，运刀方向由前而下、向内拖拉，故又称"拖刀法"（图1-10）。

【应用范围】适用于加工去骨的韧性原料，如鸡、鸭、鱼、肉等动物性原料。

【技术要领】

①左手四指自然弯曲按稳原料，右手持刀，运用手腕的力量，刀身紧贴左手中指指背，由原料的前上方向下方拉切，一刀到底，将原料断开。

②拉刀切在运刀时，刀刃前端略低，后端略高，着力点在刀刃的前端，用刀刃轻快地向前推切一下，再顺势将刀刃向后一拉到底，即所谓的"虚推实拉"。

4）锯切

【操作方法】此刀法为推切与拉切的连贯刀法。运刀时刀与原料和砧板垂直，先向前推切，再向后拉切，一推一拉像拉锯一样将原料切断（图1-11）。

【应用范围】适用于加工体积较大、质地坚韧或松散易碎的原料，如熟火腿、涮羊肉片、面包、卤牛肉等。

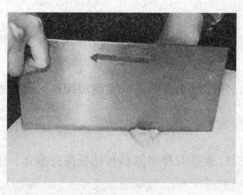
图1-10 拉刀切

图1-11 锯切

【技术要领】

①左手四指自然弯曲按稳原料，右手持刀，运用手腕力量和臂力，刀身紧贴左手中指指背，先推切后拉切，直至将原料断开。

②下刀要垂直，不能偏里或向外，保证原料成型厚薄大小一致。

③锯切时左手要按稳原料，如果原料移动，运刀就会失去依托，影响原料成型。

④对特别易碎的原料应适当增加切的厚度，以保证原料成型完整。

5）滚料切

【操作方法】刀与砧板垂直，左手持原料不断向身体一侧滚动，原料每滚动一次，刀作一次直切运动，原料成型后一般为三面体的块状，此方法又称为"滚刀切"（图1-12）。

图1-12　滚料切

【应用范围】适用于加工质地嫩脆、体积较小的圆形或圆柱形植物原料，如胡萝卜、土豆、莴笋、竹笋等。

【技术要领】

①左手指自然弯曲控制原料的滚动，根据原料的成型规格确定滚动的角度，角度越大，则原料成型就越大；反之则小。

②右手持刀，刀口与原料成一定角度，角度越小，原料成型越短阔；角度越大，成型越狭长。

（2）斩

斩类似于切和剁，也可以称为剁，运刀时也是刀身与原料和砧板保持垂直，但用力及刀的运动幅度比切大，运刀频率比剁小。

【操作方法】刀面与砧板垂直，左手按稳原料，右手持刀，运用腕力和臂力，对准原料欲斩部位，用力向下运刀将原料断开。

【应用范围】适用于加工带骨的动物性原料或质地坚硬的冰冻原料，如带骨的猪（或牛、羊）肉、冰冻的肉类及鱼类等。

【技术要领】

1）以小臂用力，将刀提起与胸平齐。用力要求稳、准、狠，力求一刀断料，以免复刀使原料破碎。

2）左手扶料时应离落刀点稍远，如原料较小，落刀时要迅速离开，以免伤手。

3）为避免损伤刀刃，一般用刀的根部斩断原料。

（3）砍

砍又称劈，是在保证刀面与砧板垂直的前提下，运用臂力，持刀用猛力向下断开原料的直刀法。此种刀法是直刀法中用力及运刀幅度最大的一种，适用于加工大而坚硬的原料。砍又分直砍和跟刀砍两种。

1）直砍

【操作方法】左手扶稳原料，右手持刀，对准原料欲砍部位，运用臂膀之力，垂直向下运刀断开原料（图1-13）。

图1-13 直砍

【应用范围】适用于加工体形较大或带骨的动物性原料，如排骨、整鸡、整鸭、大鱼头等。

【技术要领】

①将刀高举至头部位置，瞄准原料欲砍部位，用臂膀之力向下运刀，要求下刀准、速度快、力量大，力求一刀断料，如需复刀则必须砍在同一刀口处。

②左手按稳原料时应离开落刀点远一些，以免伤手。

2）跟刀砍

【操作方法】左手扶住原料，右手持刀对准原料欲砍部位直砍一刀，使刀刃嵌入原料，然后左手持原料、右手持刀同时起落，垂直向下断开原料（图 1-14）。

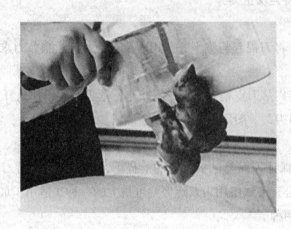

图 1-14　跟刀砍

【应用范围】适用于加工质地坚硬、骨大形圆或一次不易砍断的原料，如猪头、大鱼头、蹄髈等。

【技术要领】

①刀刃一定要嵌入原料，不能松动脱落，以免砍空。

②左右手起落速度应保持一致，且刀在下落过程中应保持垂直状态。

（4）剁

【操作方法】刀身与砧板或原料基本保持垂直运动，频率较快地将原料制成泥茸状的一种直刀法。一把刀操作称为单刀剁，但为了提高工作效率，通常左右手同时持刀操作，称为排剁（图 1-15）。

图 1-15　排剁

【应用范围】适用于加工无骨的原料及姜、蒜等，如制肉馅、剁姜米、蒜米等。

【技术要领】

1）排剁时左右手配合要灵活自如，运用手腕的力量，运刀要有节奏。

2）两刀之间要有一定距离，不能互相碰撞。

3）剁之前最好先将原料处理成片、条等小块；剁的过程中要勤翻动原料，使其更加均匀细腻。

4）将刀在水中浸湿，剁时可防止肉粒飞溅和粘刀。

5）注意剁的力量，以断料为度，防止刀刃嵌进砧板。

2. 平刀法

平刀法是刀面与砧板面平行的一类运刀方法，其基本操作方法是用刀水平片进原料，而不是垂直地切断原料。按运刀的不同手法，平刀法又分拉刀片、推刀片、推拉刀片、平刀片、抖刀片和滚料片六种。

（1）拉刀片

【操作方法】将原料平放在砧板上，左手掌或手指按稳原料，右手持刀放平刀身，用刀刃中部片入原料后向身体一侧拖拉运刀断料（图1-16）。

【应用范围】适用于加工体小、嫩脆或细嫩的动植物原料，如萝卜、蘑菇、莴笋、猪腰、里脊肉、鱼肉、鸡脯肉等。

【技术要领】

1）操作时持刀要稳，刀身始终与原料平行，才能保证原料成型厚薄均匀。

2）左手食指与中指应分开一些，以便观察原料的厚薄是否符合要求；手指尖可稍向上翘起，以免伤手。

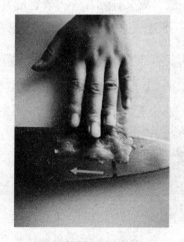

图1-16 拉刀片

（2）推刀片

【操作方法】将原料平放在砧板上，左手掌或手指按稳原料，右手持刀，刀身与砧板平行，用刀刃的前端从原料的右下角平行进刀，向左前方推进，直至片断原料（图1-17）。

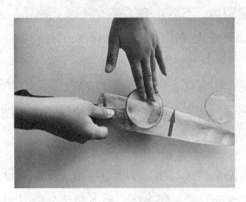

图1-17　推刀片

【应用范围】适用于加工榨菜、土豆、冬笋等脆性原料。

【技术要领】

1）操作时持刀要稳，刀身始终与原料平行；推刀要果断，一刀断料。

2）左手食指与中指应分开一些，以便观察原料的厚薄是否符合要求；手指尖稍向上翘起，以免伤手。

3）左手手指平按原料时不能影响刀的运行。

（3）推拉刀片

推拉刀片是推刀片与拉刀片相结合的平刀法。

【操作方法】左手按住原料，右手持刀将刀刃片入原料，一推一拉运刀片断原料（图1-18），整个过程如拉锯一般，故又称锯片。另外，起片时有上片和下片之分，上片从原料上端开始，厚薄容易掌握；下片从原料下端开始，成型平整。

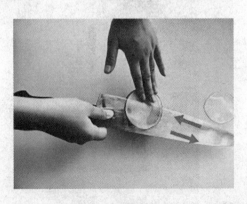

图1-18　推拉刀片

【应用范围】适用于加工体大、无骨、韧性强的原料，如火腿、猪肉等。

【技术要领】

1）上片时用左手指压稳原料，食指与中指自然分开以便观察片的厚薄；下片时用左手掌按稳原料，观察刀面与砧板的距离，以掌握片的厚薄。

2）刀的运行始终与砧板平行，才能保证起片均匀。

（4）平刀片

【操作方法】刀身与砧板平行，刀刃中部从原料的右端一刀平片至左端断料（图1-19）。

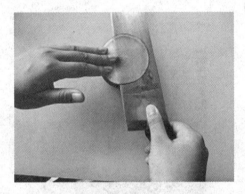

图1-19　平刀片

【应用范围】适用于加工无骨的软性细嫩原料，如豆腐、鸡鸭血、肉皮冻、凉粉等。

【技术要领】

1）刀身保持与砧板平行，右手进刀要稳，左手要扶稳原料，保证起片均匀。

2）进刀力度要适当，进刀后不能前后移动，防止原料碎烂。

（5）抖刀片

【操作方法】将原料平放在砧板上，刀刃从原料右侧片进，刀身抖动呈波浪式向左运刀片断原料（图1-20）。

图1-20　抖刀片

【应用范围】适用于加工质地软嫩的原料，如蛋白糕、肉糕、豆腐干、皮蛋等。

【技术要领】

1）刀刃片进原料后，"波浪"的幅度要一致，抖动的刀距要一致，以保证成型美观。

2）左手起辅助作用，不能使原料变形。

（6）滚料片

【操作方法】将圆柱状原料平放于砧板上，左手按住原料表面，右手放平刀身，刀刃从原料右侧底部片进，并向左做水平移动，左手扶住原料向左滚动，边片边滚，直至将原料片成薄的长条片（图1–21）。

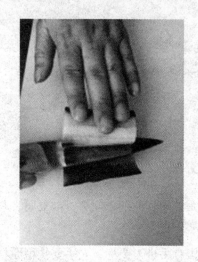

图1–21　滚料片

【应用范围】适用于加工圆形、圆柱形的原料（去皮或加工成长方片），如黄瓜、萝卜、莴笋、茄子等。

【技术要领】

1）两手配合要协调。右手握刀推进的速度要与左手滚动原料的速度一致，否则就会中途片断原料甚至伤及手指。

2）随时注意刀身与砧板的距离，保证成型厚薄一致。

3. 斜刀法

斜刀法是指运刀时刀身与原料和砧板呈锐角（小于90°角）的一类运刀方法。按运刀的不同手法，斜刀法又分为正斜刀法和反斜刀法两种。

（1）正斜刀法

【操作方法】左手按住原料左端，右手持刀，刀刃向左，刀身与原料和砧板呈锐角，进刀后向左下方拉动，一刀断料（图 1-22）。

【应用范围】适用于加工质软、性韧、体薄的原料，如鱼肉、猪腰、鸡脯肉等。

【技术要领】

1）两手要协调配合，保持一样的倾斜度和刀距，才能保证起片的大小、厚薄均匀。

2）刀身的倾斜度要根据原料成型的规格而定。

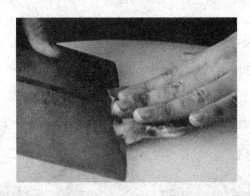

图 1-22　正斜刀法

（2）反斜刀法

【操作方法】右手持刀，刀刃向右，刀身紧贴左手四指指背，与原料、砧板呈锐角，运刀方向由左后方向右前方推进，使原料断开（图 1-23）。

【应用范围】适用于加工体较薄而韧性强的动植物原料，如熟猪肚、猪耳朵、鱿鱼、玉兰片等。

【技术要领】

1）左手要按稳原料，并以左手的中指抵住刀身，使刀身紧贴左手指背片进原料。左手向后等距离移动，使片下的原料大小、厚薄均匀一致。

2）应根据成型规格决定刀的倾斜度。

3）刀不宜提得过高，以免伤手。

图 1-23　反斜刀法

4. 其他刀法

在直刀法、平刀法、斜刀法之外，还有一些特殊的原料加工刀法，常用的有刮、削、捶（敲）、拍、旋、剜、剔、撬等。

（1）刮

刮是用刀将原料表皮或污垢去掉的加工方法。

【操作方法】将原料平放在砧板上，左手扶稳原料，右手持刀从左（右）到右（左）去掉原料上的鱼鳞（皮）（图1-24）。

【应用范围】适用于刮鱼鳞、刮肚子、刮丝瓜皮等。

【技术要领】用刀刃（或刀背）接触原料，要掌握好刮的力度。

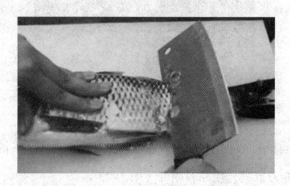

图1-24　刮

（2）削

削是指用刀平着去掉原料表皮或将原料加工成一定形状的加工方法。

【操作方法】左手拿住原料，右手持刀，刀刃向外，去掉原料的外皮（图1-25）。

【应用范围】常用于去除原料的外皮，如莴笋、冬瓜去皮及将胡萝卜加工成橄榄形等。

【技术要领】掌握好去皮的厚薄，不要浪费原料。

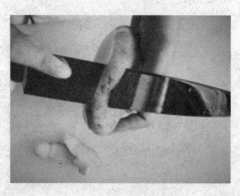

图1-25　削

（3）捶

捶是指用刀背或锤将原料加工成茸状的刀法。

【操作方法】将原料放在砧板上，右手持刀（锤），刀身与砧板垂直，刀背向下，上下捶打原料至其成茸状（图1-26）。

图1-26　捶

【应用范围】适用于加工肉质细嫩的原料成茸，如鱼类、鸡脯等。

【技术要领】用力要均匀，要勤翻转原料，使其更加细腻。

（4）拍

拍是指用刀身拍破或拍松原料的方法

【操作方法】将原料放在砧板上，右手持刀，刀身放平，抬起刀向下用力将原料拍破、拍碎或拍松（图1-27）。

【应用范围】适用于加工脆嫩的植物性原料，使其容易出味，如姜、葱等。也可用于加工动物性原料，使韧性的原料肉质疏松，如猪排、牛排等。

【技术要领】根据烹调要求及原料性质，用适当的力量将原料拍松或拍碎。

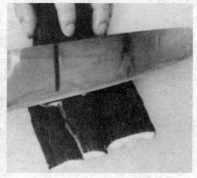

图1-27　拍

（5）旋

【操作方法】左手拿稳原料，右手持专用旋刀，两手配合，采用旋转的方法去掉原料的外皮（图1-28）。

【应用范围】常用于去掉原料的外皮，如苹果、梨等。

【技术要领】随时注意去皮的厚度，以免浪费原料。

（6）剜

【操作方法】用刀或专用刀具将原料内部挖空（图1-29）。

【应用范围】适用于将苹果、梨等原料挖空，便于填充馅料。

【技术要领】剜时注意原料的四周要厚薄均匀，以免穿孔露馅。

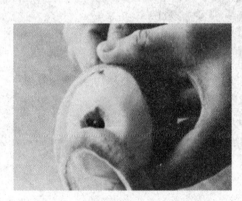

图1-28 旋　　　　　　　　　图1-29 剜

（7）剔

【操作方法】用刀尖、刀根或专用工具，将带骨原料除骨取肉（图1-30）。

【应用范围】适用于加工畜、禽、鱼类等动物性原料。

【技术要领】下刀要准确，刀口要整齐，要随部位不同分别运用刀尖、刀根等部位，以保证原料的完整。

图1-30 剔

（8）揿

揿是用刀身将原料拖压成泥茸状的加工刀法，也称背。

【操作方法】将原料放在砧板上，右手持刀，刀刃向左倾斜，用刀身的另一面压住原料，将本身是软性的原料从左至右拖压成茸泥状（图1-31）。

图1-31　揿

【应用范围】主要用于加工豆腐泥、土豆泥、芋泥等原料。

【技术要领】从左到右依次拖压，务必使原料均匀细腻，无明显颗粒。

第三节　原料成型技术

原料成型技术是指根据菜肴和烹调的不同需要，运用各种刀法，将原料加工成丁、丝、粒、片、条、脯、块、球、件、花、茸、末（米）等形状的加工技法。原料加工成型后既便于烹调，也便于食用。

一、丁和粒的成型方法

丁的成型方法一般是先将原料切成厚片，再将厚片改刀成条，然后将条改刀成丁。片的厚薄及条的粗细决定了丁的大小。切丁时力求使其长、宽、高基本相等，成型才会美观。

粒的规格比丁要小一些，成型方法与丁相同，也是先将原料加工成小条后再切制而成。

丁的常用规格是 1 ~ 1.5 厘米见方，粒的规格约是 0.5 厘米见方。肉丁不一定要求是严格的方块。丁和粒的加工实例如图 1-32 所示，丁和粒常用的成型规格及烹饪用途见表 1-2。

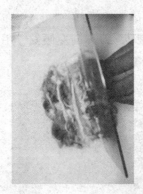

加工鸡丁

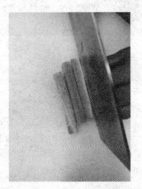

加工榄丁

加工粒

图 1-32　丁和粒的成型

表 1-2　　　　　　　　　**丁和粒的成型规格及烹饪用途**

名称	成型规格	烹饪用途
肉丁、鸡丁	1 厘米见方	炒、泡、爆等
植物原料的丁	1 ~ 1.5 厘米见方	炒
榄丁	长对角 1.5 厘米	炒
肉粒、鸡粒	0.5 厘米见方	烩、扒等

二、丝的成型方法

丝的成型方法一般是先将原料加工成薄片，再改刀成丝。片的大小决定了丝的长短，片的厚薄决定了丝的粗细。丝的加工要求粗细均匀、长短一致，不连刀、无碎粒。在片片或切片时要注意厚薄均匀，切时要注意刀距一致，才能保证切出均匀的丝来。

原料加工成薄片后，有三种排叠切丝的方法，第一种是瓦楞状叠法，即将切好的薄片一片一片依次排叠成瓦楞形状，此法不易使原料倒塌，适用于大部分原料的切丝；第二种是平叠法，即将片或切好的薄片一片一片地从下往上排叠起来，此方法要求原料的大小、厚薄一致，且不能叠得过高，如切豆腐干；第三种是卷筒形叠法，即将片形大而薄的原料一片一片先放平排叠起来，然后卷成筒状，再切成丝，如切葱丝、切海带丝等。

丝按成型的粗细，一般可分粗丝、中丝、细丝、银针丝等几种规格。丝的成型规格及烹饪用途见表 1-3，丝的加工实例如图 1-33 所示。

表 1-3   **丝的成型规格及烹饪用途**

名称	原料	成型规格（厘米）	烹饪用途
粗丝	笋丝	7×0.4×0.4	馅料
	鸡丝	8×0.4×0.4	扒
	肉丝	6×0.4×0.4	扒
	鱼肚丝	5×0.8×0.8	扒
中丝	笋丝	6×0.3×0.3	炒
	鸡丝	8×0.3×0.3	炒
	肉丝	6×0.3×0.3	炒
	牛肉丝	8×0.3×0.3	炒
	鱼肚丝	5×0.5×0.5	烩
细丝	笋丝	6×0.2×0.2	烩
	鸡丝	8×0.2×0.2	烩
	肉丝	6×0.2×0.2	烩
银针丝	姜丝、葱丝	4×0.1×0.1	料头

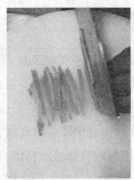

切胡萝卜丝

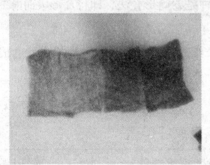

切肉丝

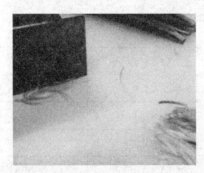

切葱丝

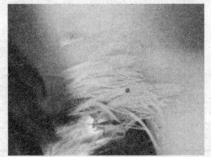

切姜丝

图 1-33　丝的成型

三、片的成型方法

片的成型可采用切或片的刀法加工。切适用于蔬菜等细嫩原料的成型，而片适用于质地较松软、直切不易切整齐或本身形状较薄原料的成型。片的成型应由原料的性质及烹调要求决定，一般肉类原料（如鸡片、鸭片、瘦肉片）多用片的方法成型。

片按其成型厚度分厚片、中片、薄片、指甲片等规格。片的成型加工实例如图1-34所示，片的成型规格见表1-4。

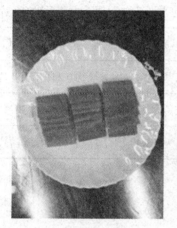
加工厚、中、薄片

加工指甲片

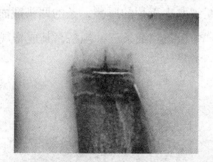

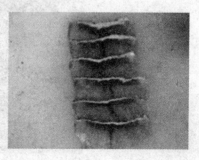

加工生鱼片

图1-34　片的成型

表 1-4　　　　　　　　　　　　　　片的成型规格

名称	成型规格
厚片	长约 4 厘米，宽约 2 厘米，厚约 0.6 厘米
中片	长约 4 厘米，宽约 2 厘米，厚约 0.3 厘米
薄片	长约 4 厘米，宽约 2 厘米，厚约 0.2 厘米
指甲片	边长约 1.2 厘米，厚约 0.1 厘米的菱形片（薄片）
枚肉片、鸡片	长约 5 厘米，宽约 3 厘米，厚约 0.15 厘米（薄片）
牛肉片	长约 5 厘米，宽约 3 厘米，厚约 0.2 厘米（薄片）
生鱼片、鱼片	生鱼肉连皮斜刀切成厚 0.3 厘米的薄片（中片）
鸭片	长约 5 厘米，宽约 4 厘米，厚约 0.1 厘米（薄片）

四、条的成型方法

　　条的加工一般适用于无骨的动物性原料或植物性原料，其成型方法是先将原料片或切成厚片，再改刀而成。条的粗细取决于片的厚薄，条的两头截面应呈正方形（图 1-35）。条按粗细长短的不同可分粗条、中粗条和细条三种规格，其成型规格及烹饪用途见表 1-5。

图 1-35　条的成型

表 1-5 　　　　　　　　　条的成型规格及烹饪用途

名称	成型规格（厘米）	烹饪用途
鸡条	中粗条 6×0.7×0.7	扒、焖、炸、焗、炖等
牛肉条	中粗条 6×0.7×0.7	扒、焗、炸等
鱼条	粗条 6×1.5×1.5	炸、煎、焗等
叉烧条	粗条 4×1.5×1.5	馅料、炒等
笋条、辣椒条	细条 4×0.5×0.5	馅料
冬菇条	细条 4×0.5×0.5	馅料

五、脯的成型方法

脯相对于片来说较大且厚，其加工过程也比较复杂。粤菜中，在给菜品命名时，常将脯称作扒或排，如猪肉脯称猪扒或猪排，鸡肉脯称鸡扒或鸡排。脯的加工实例如图 1-36 所示，其成型方法、规格及烹饪用途见表 1-6。

加工鸡脯　　　　　　　　　　　　　加工节瓜脯

图 1-36　脯的成型

表 1-6 　　　　　　　脯的成型方法、规格及烹饪用途

名称	成型方法及规格	烹饪用途
猪、牛肉脯	将猪肉或牛肉片成厚约 0.4 厘米的片形，捶松，改切成长 5 厘米、宽 4 厘米的厚片即可	煎、炸、焗等

续表

名称	成型方法及规格	烹饪用途
鸡脯、鸭脯	将鸡、鸭肉片成厚约0.3厘米的片形，在肉面上可剞"井"字花纹，再改切成长7厘米、宽4厘米的厚片即可	煎、炸、焗等
鱼脯	将鱼肉去皮，横切成7厘米的段，再斜切成宽约5厘米、厚0.6厘米的长方片即可	煎、炸、焗等
冬瓜脯	将冬瓜去皮去瓤，修切成长12厘米、宽8厘米的块即可	扒
节瓜脯	选用大小合适的节瓜轻刮皮，剖开两半，在瓜面轻剞"井"字花纹即可	扒

六、块的成型方法

块的成型方法包括切和砍或斩。

（1）切法

对于质地较为松软、脆嫩、无骨的原料，一般都可以采用切的刀法使其成块，如蔬菜类原料可以直切，已去骨去皮的各种肉类原料可以用推切或推拉切的刀法使其成各种块形。对于较小的原料可直接切制成块，而对于大型的原料则需先将原料改成宽窄、厚薄一致的条后再改刀成块，并保证最后切出的块大小均匀（图1-37）。

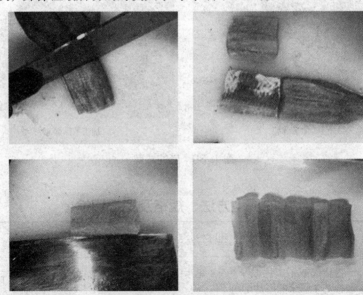

图1-37　加工鱼块

（2）砍法或斩法

对于质地坚硬、带皮带骨的原料，一般选用砍或斩的刀法使其成块，如各种带骨的鸡、鸭等，并尽量保证原料成型大小一致。块的种类很多，日常使用的有菱形块、长方块、滚料块等。

块的成型方法、规格及烹饪用途见表1-7。

表1-7　　　　　　　块的成型方法、规格及烹饪用途

名称	成型方法及规格	烹饪用途
鸡块、鸭块	将鸡开条，再横斩成长约2厘米的方块（每块约重15克）	蒸、焖、焗等
排骨块	将猪肋骨逐条切开，再横斩成长约3厘米的方块（每块约重15克）	蒸、焖、焗等
鱼块	先将鱼肉切成长6～8厘米的段，去掉鱼皮，再顺切成宽2厘米、厚0.8厘米的"日"字形块	炸
萝卜块	将萝卜去头尾、去皮，一剖为四，再斜刀切成菱形块	焖、煲、炖等

七、球的成型方法

球是指原料烹制熟后收缩或卷曲略呈圆状的块形或件形，初加工时通常要在原料表面剞上花纹。由于原料的性质不同，球形的加工方法也不同，形状大小也有所差异。球的成型方法、规格及烹饪用途见表1-8，胗球的加工实例如图1-38所示。

表1-8　　　　　　　球的成型方法、规格及烹饪用途

名称	成型方法及规格	烹饪用途
鸡球	将鸡肉先片成厚0.4厘米的大片，再在肉面上剞"井"字刀纹，然后切成4厘米的方形片即成	炒、煎、炸、焗等
胗球	将鹅胗或鸭胗先对半切开，去除胗衣，得到四块胗肉。在胗肉的表面剞上相互垂直的刀纹，刀距横竖均为0.3厘米，深度约为胗肉厚度的4/5，不可切断	炒、泡、焯、扒等
带皮鱼球	先在鱼肉面上剞斜"井"字刀纹，然后将鱼肉切成长5～6厘米的件即成。如乌鱼球、塘鲱球、鳝鱼球、龙利鱼球、塘鲺鱼球、山斑鱼球等加工方法相同	炒、泡、炸等

名称	成型方法及规格	烹饪用途
虾球	先剥去对虾的头和外壳，沿虾背顺切开约2/3深，挑去虾肠，洗净，即成虾球。大只的虾可在两边内侧各剖一刀，成型更好看	炒、泡、炸等

图 1-38　加工胗球

八、件的成型方法

件是将原料加工成近似长方体的形状，相对于块来说比较厚大，一般是经过简单的切或斩加工而成，其成型方法、规格及烹饪用途见表1-9。

表 1-9　　　　　件的成型方法、规格及烹饪用途

名称	成型方法及规格	烹饪用途
排骨件	将猪肋骨逐条切开，再横斩成约长6厘米的方块即可	炸、煲等
猪肚件	将熟猪肚切成长6厘米、宽3厘米的块即可	扒、炖等

续表

名称	成型方法及规格	烹饪用途
鱼唇件	将涨发好的鱼唇切改成长6厘米、宽3厘米的块即可	扒、烩等
广肚件	将涨发好的鱼肚改切成长6厘米、宽3厘米的块即可	扒、炖等

九、花的成型方法

花的成型是运用各种刀法把某些植物性原料加工成平面的花形及图案，如萝卜花、笋花、姜花、甘笋花等（图1-39），常见的图案有鸟、鹰、燕、鱼、虾、蝴蝶、小兔、寿字、仙桃、秋叶以及几何图案等。如使用压模工具还可以加工出更加复杂的图形。

姜花

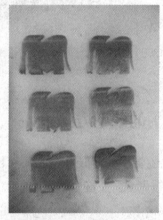
胡萝卜花

芥蓝花

图1-39 花的成型

十、茸的成型方法

茸的成型是将原料剁成细末或茸状，如鱼茸、虾茸、肉茸、鸡茸、牛肉茸、火腿末、芋茸、薯茸、莲茸等。用不同原料加工成的茸对其粗细要求有所不同，鱼、虾茸要细一些，猪肉茸（图1-40）和牛肉茸则不需要太细。

图1-40　加工猪肉茸

十一、末（米）的成型方法

末（米）比粒还要小，近似米粒或绿豆粒大小，其成型方法是先将原料切成片，然后切成小粒，必要时再剁细。烹饪中常把姜、蒜等调料剁碎成末。末的成型如图1-41所示。

图1-41　末的成型

第四节　常用花刀技术

　　烹饪中还有一类刀法经常用到，即剞刀法。所谓剞刀法，其实就是一种混合刀法，即使用直刀法、平刀法和斜刀法等在原料表面剞出具有一定深度的刀纹，使原料加热后能卷曲成各种美丽的形状，既美化了菜肴造型，也丰富了菜肴品种。剞刀法主要用于加工无骨的韧性或韧中带脆的原料，以及整料。剞刀法操作的关键是刀纹方向正确、深浅一致、刀距相等、整齐均匀。

　　剞刀法根据所使用的直刀法、平刀法、斜刀法等可细分为直刀剞、直刀推剞、平刀剞、斜刀推剞、斜刀拉剞等刀法，这些刀法的操作与前面讲解的相应切法和片法基本相同，区别在于剞刀法切入或片入原料一定深度后停刀，而不切断或片断原料。

　　本节结合实例简单介绍几种粤菜中常用的花刀技法。

一、牡丹形花刀

　　牡丹形花刀是用直刀（或斜刀）剞和平刀剞的方法加工而成的。例如，在鱼身两面每隔3厘米用直刀（或斜刀）剞一刀，剞至脊椎骨时将刀端平，再沿脊椎骨向前平推2厘米停刀（图1-42a、b），将鱼身两面剞成对称的刀纹（图1-42c），加热后鱼肉翻卷，如同牡丹花瓣。牡丹形花刀常用于加工体大而厚的鱼类原料，如鲤鱼、大黄鱼、青鱼等。

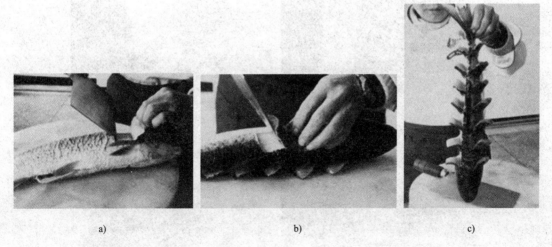

a)　　　　　　　　　　　b)　　　　　　　　　　　c)

图 1-42　牡丹形花刀

二、麦穗形花刀

麦穗形花刀是在厚约 0.8 厘米的原料上交叉反刀斜剞，再按一定规格推刀切成条。例如加工麦穗肚：反刀斜剞宽约 0.8 厘米的交叉十字花纹，再顺纹路切宽约 3 厘米、长 10 厘米的条。又如加工火爆麦穗腰花：在原料表面反刀斜剞宽约 0.5 厘米的交叉十字花纹，再顺原料纹路切成宽约 5 厘米、长约 2.5 厘米的条（图 1-43）。以上反刀斜剞的深度均为原料厚度的 2/3。麦穗形花刀常用于加工腰子、墨鱼、鱿鱼等较扁平的原料，加工要求是刀纹清晰、间距均匀、深度一致、纹路正确。

图 1-43　麦穗形花刀

三、荔枝形花刀

荔枝形花刀是在厚约 0.8 厘米的原料上，用反刀斜剞宽约 0.5 厘米的交叉十字花纹，其深度为原料厚度的 2/3，再顺原料纹路切成长约 5 厘米、宽 3 厘米的长方块或菱形块、三角形块，经烹制后原料会卷缩成荔枝形（图 1-44）。荔枝形花刀常用于加工墨鱼、鱿鱼、腰子、肚头等原料，加工要求是刀纹深浅和间距均匀一致，块的形状、大小基本相同，成品有"荔枝肚花""荔枝鲜鱿筒"等菜肴。

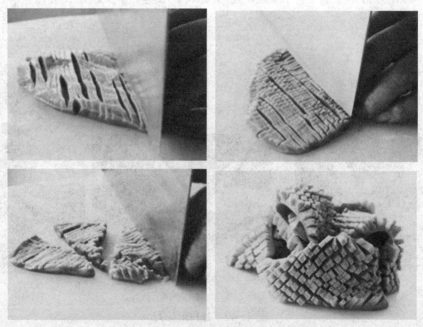

图 1-44　荔枝形花刀

四、菊花形花刀

菊花形花刀是用直刀在厚约 2 厘米的原料上剞出刀距约为 0.4 厘米的垂直交叉十字花纹，深度为原料厚度的4/5，再切成约 3 厘米见方的块，经烹制后原料即可卷缩成菊花形（图1-45）。菊花形花刀常用于加工鸡鸭鹅胗、带皮鱼肉、通脊肉、冬瓜等肉质稍厚的原料，加工要求是刀纹深浅和间距均匀一致，成品有"菊花里脊""菊花鱼""油泡胗球"等菜肴。

图 1-45　菊花形花刀

五、松子形花刀

松子形花刀常用于加工鱼类原料，即在鱼肉的一端，用刀在一定厚度的鱼肉面上斜刀剞出刀距约为 1 厘米、深度为原料厚度的4/5（要求每一刀都剞到鱼皮）的刀纹，再用同样的方法从另一端交叉斜刀剞，即可将鱼肉切成 1 厘米见方的松子形花纹（图1-46）。加工要求是刀纹深浅和间距均匀一致，成品有"松鼠鱼"等菜肴。

六、凤尾形花刀

凤尾形花刀是在厚约 1 厘米、长约 10 厘米的原料上，先顺着纹路用反

图 1-46　松子形花刀

刀斜剞，刀距约为 0.4 厘米，深度为原料的 1/2，再横着纹路用直刀剞三刀，三刀一断，切成长条形，剞时刀距约为 0.3 厘米，深度为原料的 2/3。经烹制后，原料即可卷缩成凤尾形（图 1-47）。凤尾形花刀常用于加工腰子、肚头等原料，加工要求是刀纹深浅和间距均匀一致，成品有"凤尾腰花""凤尾肚花"等菜肴。

图 1-47 凤尾形花刀

七、蓑衣花刀

蓑衣花刀常用于加工墨鱼、鱿鱼、肚头、里脊肉及黄瓜、萝卜、长茄子等原料。加工蓑衣黄瓜的方法：在黄瓜的一面用斜刀切（刀与黄瓜的夹角为 40°，刀尖接触砧板，刀根提起，刀身与砧板垂直，以保证黄瓜不切断）；切完一面后，将黄瓜翻转 180°，再切直刀，刀与砧板成 40° 角，刀尖仍需接触砧板，刀与黄瓜呈 45° 夹角（图 1-48）。

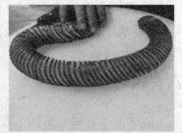

图 1-48 蓑衣花刀

八、十字花刀

　　十字花刀是先将原料改为长方体，长方体的四个侧面分别以 1、2、3、4 为代号，1、3 两面均以长方形宽度的 2/3 下刀，切入深度为厚度的 2/3，2、4 两面以 45° 斜切，深度为厚度的 2/3。十字花刀常用于加工萝卜、莴笋、土豆、苤蓝等植物性原料（图 1-49）。

图 1-49　十字花刀

九、吉庆花刀

吉庆花刀常用于加工萝卜、莴笋、土豆、苤蓝等植物性原料。加工时先将原料切成四方块，再在原料每个面的 1/2 处用刀尖相互垂直切一刀，深度为原料厚度的 1/2（图 1-50），要求刀纹连。吉庆块的大小要根据烹调要求确定。

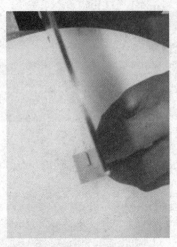
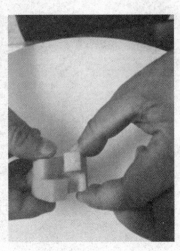
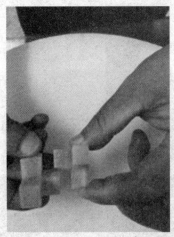

图 1-50　吉庆花刀

思考与练习

1.刀法的种类是依据什么来划分的？刀法可分为哪几类？

2.通过练习，熟练掌握各种原料成型技术。

第二章
烹饪原料的鉴别与选择

学习目标

1. 了解烹饪原料品质检验的目的

2. 了解影响烹饪原料质量变化的因素

3. 掌握烹饪原料的选择与储存方法

第一节　烹饪原料品质的鉴别

一、烹饪原料品质鉴别的目的

1. 烹饪原料的品质决定菜肴的质量

烹饪原料质量的优劣对所烹制成的菜肴质量有决定性的影响，高质量的菜肴必须以优质的烹饪原料为基础。优质的烹饪原料必须是有营养的、新鲜的、安全卫生的。优质的烹饪原料经过厨师的烹调加工，能烹制出色、香、味、形俱佳，营养丰富又卫生安全的菜肴；反之，即使厨师的技艺再高超，也不能保证菜肴的质量。对烹饪原料品质进行鉴别的目的之一，就是要在烹调前正确地选用原料。

2. 烹饪原料品质的优劣影响人的健康

烹饪原料品质的优劣与人体的健康甚至生命安全有着极为密切的关系。营养丰富的原料如果储存不当，可使微生物生长繁殖而引起腐败变质；或是在生长、采收（屠宰）、加工、运输、销售等过程中受到有害、有毒物质的污染，这样的原料一旦被使用，就会引发传染病、寄生虫病或食物中毒。因此，掌握烹饪原料的品质检验方法，客观、准确、快速地识别原料品质的优劣，对保证烹调制品的食用安全具有十分重要的意义。

3. 烹饪原料品质的鉴别可以净化烹饪原料市场

一些不法商贩为了赚取不义之财，以假冒伪劣原料来充斥市场，牟取暴利。劣质原料不仅影响菜肴的质量，还会对消费者的身体健康构成严重威胁。因此，必须对烹饪原料的品质进行鉴别，以净化烹饪原料市场。

二、烹饪原料品质鉴别的依据和标准

烹饪原料品质鉴别的内容因烹饪原料的品种而异，主要包括烹饪原料外观质量和内在质量的鉴别两个方面，其依据的标准主要有以下几点：

1. 原料固有的品质

所谓烹饪原料固有的品质是指原料本身具有的食用价值，包括原料固有的营养、口味、质地等指标。一般来说，烹饪原料的食用价值越高，原料的品质就越好。原料的品质与原料的品种、产地有密切的关系。对原料固有品质的了解和掌握须建立在运用现代科学检测手段的基础上。

2. 原料的纯度

原料的纯度是指原料中所含杂质、污染物的多少和加工净度的高低。很显然，原料的纯度越高，其品质就越好。例如，海参、鱼翅等原料中所含沙粒越少，其品质就越好；燕窝中羽毛等杂质含量越少，其质量就越高。

3. 原料的成熟度

原料的成熟度是指原料的生长年龄和生长时间。不同的生长年龄和生长时间，原料的成熟度会有差异，其品质也会发生变化。如成熟度过低，原料中的水分含量较高而其他营养物质的含量较少；如成熟度过高，则质地会变老而食用价值降低，甚至失去食用价值。不同品种的原料其成熟度的要求是不同的，因此，原料的成熟度恰到好处，则品质最佳。当然，成熟度高低的选择，还与原料的用途有关。

4. 原料的新鲜度

原料的新鲜度是指烹饪原料的组织结构、营养物质、风味成分等在原料生产、加工、运输、销售以及储存过程中的变化程度。新鲜度是鉴别原料品质最重要、最基本的标准，原料的新鲜度越高，品质就越好。不同的原料其新鲜度的标准是不同的，但一般都可从以下几个方面来判断：

（1）形态

任何原料都有一定的形态，原料越新鲜就越能保持其原有的形态，否则必然变形、走样。例如，不新鲜的蔬菜干缩发蔫，不新鲜的鱼会变形脱刺等。通过形态的改变程度，就能判断出原料的新鲜程度。

（2）色泽

每一种原料都有其天然的颜色和光泽，如新鲜猪肉一般为淡红色，新鲜的鱼鳃呈鲜红色，新鲜的对虾呈青绿色等。在受到外界条件的影响后，它们就会逐渐变色或失去光泽。凡是原料固有的颜色和光泽变为灰、暗、黑或其他不应有的色泽时，都说明其新鲜度已经下降。

（3）水分

新鲜原料都有正常的含水量，含水量的变化说明原料品质也发生了变化。含水量丰富的蔬菜和水果，水分损失越多，新鲜度也就越低。

（4）质量

质量的改变也能说明原料新鲜度的改变。例如，鲜活原料受外部环境的影响和内部的分解，水分蒸发、质量减轻，新鲜度降低；而干货原料则相反，质量增加表明已吸湿受潮，其品质就会降低。

（5）质地

新鲜原料的质地大都坚实饱满或富有弹性和韧性。如新鲜程度降低，原料的质地就会变得松软或产生其他分解物。

（6）气味

新鲜的原料一般都有其特有的气味，凡是不能保持其特有气味而出现异味、怪味、臭味以及不正常的酸味、甜味，都说明原料的新鲜度已经降低。

5. 原料的清洁卫生

原料必须符合食用卫生的要求，凡腐败变质或受到污染，有污秽物、虫卵、致病菌等，均表明其卫生质量下降，已不适宜食用。

第二节　烹饪原料的选择与储存

中国地大物博，烹饪原料品种繁多，应有尽有。中国菜肴之所以在世界上堪称一流，除了烹饪大师高超、独特的烹调技艺之外，还与用料广泛、选料严谨的特点密不可分。烹饪原料选择的目的是使其得到合理的应用，符合制作菜点的需要，同时符合卫生的要求与人体营养的需要，真正做到物尽其用。因此，只有严格、合理地选料才能使烹制出的菜肴在色、香、味、形、口感及营养等方面达到质量标准。

一、烹饪原料选择的作用

对烹饪原料的选择有以下几个方面的作用：

（1）使原料在烹调中得到合理的使用，有效地发挥其食用价值。

（2）为菜点制作提供合适的原料，保证基本质量达到应有的质感要求，保持和形成传统菜点的特色和风味。

（3）促进烹饪技术的逐步完善和全面发展，使菜肴加工更具科学性、合理性。

二、烹饪原料选择的基本原则

烹饪原料选择包括原料品种的选择、原料产地的选择、原料部位的选择和原料上市季节的选择等几个方面。

1. 原料品种的选择

原料品种的选择是指在同一类原料中，选择不同的品种制作不同的菜肴。如鱼类菜品中，"砂锅鱼头""拆骨鱼头"一般选用鳙鱼；而含脂肪多的鲥鱼、鳜鱼一般适合于清蒸；青鱼、草鱼等因肉质厚且细刺少，宜于切块、切片、切丁之用。由此可见，这些原料由于品种不同，在使用上也就有所区别。当然，对原料品种的选择并非千篇一律、一成不变。由于各地风味菜肴丰富多样，对原料的使用也不尽相同，这就要求烹饪工作者在实践中要不断地去总结经验，从而科学地掌握选择原料的方法和技术。

2. 原料产地的选择

我国地大物博，烹饪原料众多，但各地所产原料因地质、气候条件的不同而有所差异，即使是同一种原料，其差别也很大。例如，制作"鱼香肉丝"必须选用四川郫县产的豆瓣酱，才能烹制出该菜所独有的风味；又如，制作"北京烤鸭"须选用北京的填鸭，制作"金华火腿"须选用金华特产"两头乌"猪的后腿肉等。因此，原料的产地有时会直接影响菜品的质量和风味。

3. 原料部位的选择

原料不同部位的品质、特点及适用性也有所不同，如猪、牛、羊等肉类原料，各部位的差异很大，分档取料更为严格。就猪肉的分档取料来讲，上脑肉、夹心肉、里脊肉适宜炒，前腿肉适宜扒，后腿肉适宜炖，猪蹄适宜煲或焖等。因此，正确掌握原料各部位的品质特点是烹制高质量菜品的必备条件之一。

4. 原料上市季节的选择

烹饪原料的品质会随着季节的变化而变化，在不同时期，原料的品质特点和风味都会有显著的差异。例如，番茄未成熟时口感酸涩，营养价值和食用价值都很低，而成熟的番茄营养丰富、色泽鲜红，最适宜食用。又如刀鱼，清明节前是刀鱼的产卵期，期间鱼肉最为肥嫩鲜美，刺软、鳞嫩、脂肪含量高，是食用的最佳时期；过了这个季节，刀鱼产卵后鱼体消瘦变老，质量会大为逊色。因此，掌握原料的上市季节也是烹制高质量菜品的必备条件。

三、烹饪原料的选择方法

烹饪原料的选择是以烹饪原料品质的检验与鉴别为基础的。

1. 烹饪原料品质检验的一般方法

对烹饪原料品质的鉴别主要是通过对烹饪原料反映于外部和内部的质量指标，选用一定的检验方法进行的，检验方法有理化检验和感官检验两类。

（1）理化检验

理化检验包括物理检验和化学检验两个方面：

1）物理检验法：运用一些现代化的物理器械，对食品原料的一些物理性质进行检验鉴定。

2）化学检验法：运用化学仪器和化学试剂对食品原料进行一系列的检验鉴别。

（2）感官检验法

感官检验法是业务人员在实际工作中最实用、最简便有效的检验方法，也是一种经验检验方法。感官检验法主要借助于人的眼、耳、鼻、舌、手等感官，通过看、听、嗅、尝、触摸等对食品原料进行检验与鉴定，常用于鉴定原料的外形结构、形态、色泽、气味、滋味、硬度、弹性、重量、声音以及包装等方面的质量情况。

1）视觉检验：用肉眼对食品原料的外部特征进行检验，以确定其品质的优劣。品质良好的原料都有一定的形态，如果食品原料的形态发生了改变，在一定程度上能反映出其品质的变化，通过观察食品原料形态、结构的变化程度，就能判断其新鲜程度。同时，食品原料品质的变化还可以通过其色泽的不同反映出来。视觉检验的应用范围较广，凡是能直接用肉眼根据经验分辨品质的，都可以采用这种方法对原料进行检验鉴别。但是，由于原料的形态、颜色、结构变化较为复杂，因而其检验难度也较大，需要具有丰富的经验才能准确地鉴别食品原料品质的优劣。

2）嗅觉检验：用鼻子鉴别原料的气味，以确定食品原料品质的优劣。许多原料都有其特有的气味，如各种新鲜的肉类，虽都有肉脂香味，但却又各不相同；优质的花椒、大料、丁香等调料香味浓郁而纯正。凡是不能保持原料特有气味或正常气味淡薄，甚至出现某种异味、怪味、不正常的酸味等，都说明食品原料的品质已发生了某种程度的变化。

3）味觉检验：用嘴、舌辨别食品原料咸、甜、苦、辣、酸、鲜等味道及食品原料的口感，以确定食品原料品质的优劣。例如，新鲜的柑橘柔嫩多汁，滋味酸甜适口；而受冻的柑橘则绵软浮水，滋味苦涩。味觉检验法只适用于那些能直接入口的熟料或半成品、水果及部分蔬菜类，有一定的局限性。

4）听觉检验：用耳朵听声音来鉴别食品原料品质的优劣。例如，买西瓜时可用手拍击，根据西瓜发出的声音来判断其是否成熟；听敲击萝卜的声音可以判断其是否糠心；用手摇晃鸡蛋，根据其微弱的振动感和声音，可判断其是否新鲜。

5）触觉检验：用手指接触、按摸食品原料，通过其重量、弹性、硬度、光滑性、黏度、柔韧性等鉴别食品原料品质的优劣。例如，新鲜的肉类富有弹性，用手指按压后，凹陷处会很快复平，不粘手；新鲜的蔬菜水果大多因含水量多而较重，而不新鲜的蔬菜水果因失水而变轻；大部分品质好的干货原料重量轻且适中，如果受潮发霉，重量就会增加等。

2. 主要烹饪原料质量的检验标准

（1）蔬菜类原料的检验

蔬菜类原料的检验主要从含水量、形态、色泽等方面来确定：

1）含水量：新鲜的蔬菜表面润泽光亮，刀切面有充足的水分流出；不新鲜的蔬菜外表干瘪，失去光泽。

2）形态：新鲜的蔬菜形状饱满、光滑、无伤痕；不新鲜的蔬菜表面粗糙发蔫、形态干缩、有病虫害等。

3）色泽：新鲜的蔬菜颜色鲜艳、有光泽；不新鲜的蔬菜改变了原有的颜色、暗淡无光。

（2）家畜类原料的检验

家畜类原料容易变质，如储存条件不好，各种微生物就会大量繁殖，使肉变质，所以必须通过检验才能鉴别出家畜肉品质的好坏。家畜肉一般分为新鲜肉、不新鲜肉和腐败肉三种，均可通过感官检验的方法来鉴定其质量。

1）外观：新鲜肉表皮微干，色泽光润，刀切面呈淡红色，稍湿润，不粘手，肉汁透明；

不新鲜肉有一层风干的暗灰色表皮或表面潮湿，肉汁浑浊不清，有黏液，色泽暗淡，有发霉现象；腐败肉表面干燥，色变黑、变绿，粘手，发霉，刀切面呈暗灰色。

2）硬度：新鲜肉质地紧密，富有弹性，用手按压后凹陷处能迅速恢复原状；不新鲜肉质地柔软，弹性差，用手按压后凹陷处不能立即恢复原状；腐败肉质地松软，无弹性，用手按后凹陷处不能复原。

3）气味：新鲜肉具有肉脂香味，冷却后带有腥味；不新鲜肉有酸味或霉臭味；腐败肉有严重的腐败臭味。

4）脂肪：新鲜肉的脂肪分布均匀，无异味，色泽鲜艳（猪肉脂肪呈白色，羊肉脂肪呈白色、黄色或淡黄色），紧密；不新鲜肉的脂肪呈灰色，无光泽，粘手，有时出现发霉现象，有轻微酸败味；腐败肉的脂肪表面有黏液或霉菌，有强烈的酸败味。

5）骨髓：新鲜的骨腔充满骨髓，色泽光亮；不新鲜的骨髓在骨腔内有空隙，质松，色灰暗；腐败的骨髓在骨腔中有较大空隙，质软，色暗，有黏液。

（3）家禽类原料的检验

对家禽类原料的检验主要是对宰杀后的家禽在储存中发生品质变化的检验，即新鲜度的检验。

1）嘴部：新鲜家禽的嘴部有光泽，干燥，有弹性，无异味；不新鲜家禽的嘴部无光泽，无弹性，有腐臭味；腐败家禽的嘴部色暗淡，角质部软化，嘴角有黏液，有严重的腐败味。

2）眼部：新鲜家禽的眼珠充满整个眼窝，角膜有光泽，眼珠凸出；不新鲜家禽的眼珠无光泽，部分下陷；腐败家禽的眼角膜暗淡，眼珠下陷，有黏液。

3）皮肤：新鲜家禽的皮肤呈淡白色或淡黄色，干爽；不新鲜家禽的皮色呈淡灰色或淡黄色，潮湿，有轻度的腐败味；腐败家禽的皮肤呈灰黄色，有的地方带淡绿色，表面湿润且有霉味或腐败味。

4）脂肪：新鲜家禽的脂肪呈白色或淡黄色，有光泽，无异味；不新鲜家禽的脂肪色泽无明显变化，但稍有异味；腐败家禽的脂肪呈淡灰色或淡绿色，有酸臭味。

5）肌肉：新鲜家禽的肌肉呈红色或玫瑰色，有光泽，结实而有弹性，鸭、鹅的肌肉为红色，幼禽肉呈玫瑰色；不新鲜家禽的肌肉弹性变小，手指按压后有明显的指痕；腐败家禽的肌肉呈暗红色、暗绿色或灰色，有较重的腐败味。

（4）鱼类原料的检验

鱼类原料是否新鲜主要根据以下几个方面来判断：

1）鱼鳃：新鲜鱼的鱼鳃呈鲜红或粉红色，鳃盖紧闭，黏液少且呈透明状，无腐臭味；不新鲜鱼的鱼鳃呈灰色或苍红色；腐败鱼的鱼鳃呈灰白色，有黏液污物。

2）鱼眼：新鲜鱼的眼球澄清而透明、完整，稍向外凸出，无充血和发红现象；不新鲜鱼的眼球稍有塌陷，色泽灰暗，有时由于内部溢血而发红；腐败鱼的眼球破裂，位置移动。

3）鱼表皮和肌肉：新鲜鱼的表皮上黏液少，体表清洁，鳞片紧密完整且有光泽，肌肉组织富有弹性，用手按压后随即复原，肛门周围呈圆坑形，腹部不鼓胀；不新鲜鱼的表皮黏液多，鱼背较软，用手按压后不能立即复原，鳞片松弛且有脱落，肛门凸出，腹部鼓胀，有腐臭味。

四、烹饪原料的储存方法

1. 烹饪原料储存的目的和作用

烹饪原料从产地到销售地再到使用地，中间都要经历储存的过程。烹饪原料一年四季中的产期不仅有淡季和旺季之分，部分原料还有明显的季节性特点，这就要求在旺季时要大量加工、储存原料，以备淡季、停产期以及异地使用。只有根据不同原料的特点采取正确的储存方法，才能使原料最大程度地保持其原有的新鲜度、质地、色泽等，以符合烹制菜肴时的要求，烹制出美味佳肴。

2. 影响烹饪原料质量的因素

烹饪原料在储存过程中发生的质量变化主要由物理、化学和生物学三个方面的因素引起：

（1）物理因素

1）温度的影响：储存温度过低会使原料遭受冷害、冻伤；储存温度过高会加快微生物的繁殖、营养物质的分解和水分的蒸发，从而使其品质降低。

2）湿度的影响：有些原料（如干菜、干货等）如储存环境湿度太大，易吸潮而引起发霉变质。

3）日光的影响：日光照射会加速原料的氧化作用，从而易发生褪色、酸败、出现异味等现象。

（2）化学因素

1）氧化作用：空气中的氧气会使原料中的某些化学成分发生氧化，从而降低其品质。例如，某些蔬菜的天然色素会因氧化作用而变色或褪色，某些含油脂较多的原料因氧化作用易发生酸败等。

2）自然分解：有些原料含有多种酶类，特别是动物性原料，当动物死后，其组织中的分解酶类会加快营养成分的分解，最终使原料品质恶化、腐败。

（3）生物学因素

1）微生物的影响：引起原料变质的微生物主要是细菌、酵母菌和霉菌，当外界环境条件适合这些微生物生长繁殖时，它们便开始分解原料中的多种营养成分，并产生腐臭味，使原料腐败变质。

2）虫类的影响：原料遭受虫类的蛀咬、侵蚀后，品质降低。

3. 烹饪原料的储存方法

不同的烹饪原料在储存期间，其化学成分、物理状态和组织结构等方面都会发生不同程度的变化，从而引起烹饪原料质量的改变。目前，烹饪原料常用的储存保鲜方式主要有低温储存、高温储存、干燥储存、密封储存、腌制和烟熏储存等。

（1）低温储存

低温储存指在15℃以下环境中储存原料的方法，其原理是利用低温条件控制烹饪原料的各种质量变化，以达到烹饪原料防腐保鲜的目的。

1）低温储存原理和温度范围：低温能抑制微生物的生长繁殖，可有效防止原料因微生物引起的质量变化；低温能抑制原料中酶的活性，从而减弱鲜活原料的呼吸强度，推迟后熟和衰老，延缓生鲜原料生化反应的速度。

低温储存的温度为 –30 ~ 15℃。由于烹饪原料的种类、特性和储存期限不同，又可将低温储存分为冷藏和冻藏两种。

冷藏：冷藏所采用的温度是烹饪原料冰点以上的低温。由于多数烹饪原料的冰点在 –2 ~ –1℃，而引起烹饪原料变质的嗜温性微生物处于10℃以下的低温时难以进行繁殖，所以多数烹饪原料冷藏的温度范围为0 ~ 10℃。但对于植物性鲜活原料(主要是蔬菜和瓜果)的冷藏温度必须依其原产地不同而采用不同的温度，如原产于温带地区的苹果、梨、大白菜、菠菜等适宜储存的温度大致在0℃左右；而原产地在热带、亚热带地区的蔬菜和水果，由于其生理特性可适应较高的环境温度，如果采用0 ~ 10℃的低温进行冷藏，会因正常的生理活动受到干扰而导致"冷害"，因此必须在相对较高的温度下储存。

冻藏：烹饪原料的冻藏是先使原料在低于冰点的低温下冻结，再以冰点以下的低温进行储存的方法。烹饪原料冻藏所使用的温度越低，其品质就保持得越好，储存期就越长。烹饪原料冻藏所使用的温度一般为 –20 ~ –18℃，也可使用更低的温度，如多脂鱼类的冻藏温度可达 –30℃。

2）低温储存中原料的质量变化：烹饪原料在低温下储存很大程度上抑制了微生物的活动、酶的活性和其他化学成分的变化，所以烹饪原料的质量比较稳定。但由于烹饪原料种类不同、所使用的储存温度不一样等原因，仍会发生某些方面的质量变化。

冷害：冷害是植物性鲜活原料在冷藏过程中因低温控制不当引起的一种生理病害，常发生在一些原产热带和亚热带的蔬菜、瓜果中。发生冷害的原料表面凹陷，局部表皮组织坏死、变色并呈水渍状，绿果实丧失后熟能力，果肉或果皮层变成褐色等。

冷害的发生受多种因素的影响，如原料的种类、品种、成熟度和相对湿度等。发生冷害的临界温度大致为 −13 ~ −10℃，低于该临界温度，烹饪原料易遭受冷害，而且在不适当低温下冷藏的时间越长，冷害所导致的损失就越严重。因此，必须根据具体原料对低温的忍耐力来确定适宜的冷藏温度和时间。

水分蒸发：烹饪原料在冷藏期间因水分蒸发会引起重量减轻和一系列的质量变化。例如，蔬菜、水果原料因水分蒸发会丧失鲜嫩的外观品质，当水分损失5%时，会出现萎蔫现象，内部水解酶活性增强，加速高分子物质的分解，其质量下降速度加快，不能再继续储存；肉、禽、鱼等生鲜原料因水分蒸发会明显造成干耗，严重时会使原料表面收缩、硬化，甚至形成干膜，降低原料的质量。

烹饪原料在冷藏期间水分的蒸发速度和蒸发量与环境温度、湿度以及空气流速有关。如冷藏环境温度高、相对湿度低、空气流速快，烹饪原料的水分蒸发速度快；反之，则水分的蒸发速度减慢。此外，比表面积（单位质量物品的表面积）小、表层结构致密、自然孔隙或切割伤口少的烹饪原料，其水分蒸发速度慢；反之，则水分蒸发速度快。不管属于哪种情况，水分蒸发量均随蒸发速度的快慢和时间的延长而逐渐增大。

表 2−1 列出了肉类原料在温度为 1℃、相对湿度为 80% ~ 90%、空气流速为 0.2 米 / 秒条件下的干耗率。

表 2−1　　　　　　　　　　肉类原料的干耗率

肉类\时间	牛肉（%）	小牛肉（%）	羊肉（%）	猪肉（%）
12 小时	2.0	2.0	2.0	1.0
24 小时	2.5	2.5	2.5	2
36 小时	3.0	3.0	3.0	2.5
48 小时	3.5	3.5	3.5	3.0
8 天	4.0	4.0	4.5	4.0
14 天	4.5	4.6	4.5	4.0

烹饪原料在冻藏过程中的质量变化。

冰晶升华：冰晶升华指冻结原料中的冰晶吸热升华，不经液态水直接变为水蒸气的现象，它是造成冻结原料干耗的主要原因。在冻藏室内，冷却管、被冻结的原料、空气三者之间存在着温差和水蒸气压差。冻结原料吸收热量使其水分以冰晶升华方式进入空气，当水蒸气随空气对流与冷却管接触时，由于温度下降而结霜附着在冷却管上，被脱湿的流动空气再与冻结原料接触时，又引起冰晶升华和带湿空气附着在冷却管上结霜，如此循环往复进行热湿交换。一般来讲，冻藏温度低而温差小、空气湿度高而流速慢、原料形状大而表层结构致密、冻藏室空间小、原料堆码密集者，其冰晶升华引起的干耗低；反之，则干耗增大。

冰晶升华需要吸收升华热才能进行，因此保持冻藏室足够的低温、减小温差、增大相对湿度、加强冻藏原料的密封包装或采取原料表层镀冰衣的方法，均可有效减少冰晶升华引起的干耗。

冰晶变大：冰晶变大指冻结原料在冻藏过程中微细冰晶不断减少甚至消失，而大型冰晶逐渐变大的现象。冰晶变大后，原料中冰晶数目少、体型大，降低了原料的质量。冰晶变大的原因是由于冻结原料中存在着冰晶（固相）、未冻结的细胞液（液相）和水蒸气（气相），三相之间水蒸气压不同：气相最大，液相次之，固相又次之。而在固相中，大型冰晶又小于微细冰晶，这样便使水蒸气由高压处向低压处转移，造成冻结原料冰晶变大。

为了防止冰晶变大，烹饪原料在冻结时应采取低温速冻，形成大小一致、分布均匀的微细冰晶，并且在冻藏过程中要保持稳定的低温，避免在 −18℃以上出现波动。

冻结烧：冻结烧指由于脂肪发生氧化、酸败和美拉德反应所引起的变质现象，是冻结原料在冻藏期间脂肪氧化酸败和羰氨反应所导致的结果，它不仅使原料产生哈喇味，而且使之发生黄褐色的变化。冻结烧一般随冻结原料的冰晶升华而加剧。一般冷冻家畜肉的脂肪较为稳定，不易产生冻结烧；禽类脂肪的稳定性稍次之，而鱼类的脂肪最易产生冻结烧。采用较低的冻藏温度（一般不高于 −18℃）、镀冰衣或密封包装等隔氧措施，均可有效防止冻结烧的发生。

3）冻结原料的解冻：使冻结原料的冰晶体融化，恢复原料原来的生鲜状态和特性的工艺过程称为冻结原料的解冻。

解冻时的质量变化：冻结原料在解冻过程中随着温度的上升会出现以下一系列变化：因原料内冰晶体融化，原料由冻结状态逐渐软化至生鲜状态，并伴随着汁液的流失；因温度上升，原料表面的水分蒸发速度加快，原料中酶的活性增强，氧化作用加速，并有利于微生物的活动。由于水分蒸发与汁液流失，导致原料的质量减轻。

解冻时汁液流失的影响因素：原料解冻后，在冰晶体融化的水溶液中含有大量的可溶性固形物，如水溶性蛋白质和维生素，各种盐类、酸类和萃取物质，这部分水溶液就是所谓的汁液。如果汁液流失严重，不仅会使原料的质量显著减轻，而且由于大量营养成分和风味物质的损失，必将大大降低原料的营养价值和感官品质。

（2）高温储存

高温储存是通过高温杀菌手段来达到长期储存原料的目的，实际上是一种加工制品的手段。

（3）干燥储存

干燥储存也称脱水储存，即将原料中的水分晒干或烘干，降低其含水量，降低原料本身的水分活性，使其组织内部的微生物和酶活力降低，达到长期储存的目的。也可以说它是利用或创造低湿度的储存环境，使干燥的烹饪原料在储存过程中能够保持其干燥状态的一种储存方法。干燥储存法多用于蔬菜、山珍、海味等原料的储存。

（4）密封储存

密封储存是将原料封闭在一定的容器内（密实袋），与日光、空气隔绝，防止其被氧化。

（5）腌制和烟熏储存

用腌制或烟熏的方法储存食物是一种历史悠久、广为普及且行之有效的食物储存方法。由于绝大多数的腌制均伴随着某种程度的发酵，因此原料腌制储存的适宜条件与发酵的程度有密切的关系。

1）腌制剂的防腐作用：在腌制烹饪原料时，依原料品种不同要添加多种腌制剂，常用的有食盐、食糖、酱油、酱、食醋、大蒜、香辛料等，这些腌制剂除了具有调味的作用外，还具有一定的防腐功能。

食盐：无论是蔬菜还是肉、禽、鱼的腌制，食盐是最重要的一种腌制剂。食盐之所以能防腐，主要是它对微生物的生长繁殖具有强烈的抑制作用。食盐的主要成分是氯化钠，其溶液具有很高的渗透压，对微生物细胞有强烈的脱水作用，从而导致其质壁分离、生理代谢活动呈抑制状态，造成微生物停止生长或者死亡。因此，食盐具有很强的防腐能力。

食糖：食糖是糖渍烹饪原料的主要辅料，也是蔬菜和肉类腌制时经常使用的一种调味品，其主要成分是蔗糖，是一种良好的湿润剂。蔗糖在烹饪原料的腌制过程中，通过扩散作用进入到烹饪原料的组织内部，使入侵的微生物得不到足够的自由水，同时由于糖汁产生的渗透压很高，致使微生物发生脱水，严重抑制微生物的生长繁殖，这就是蔗糖能够防腐的主要原因。

酱油和酱：酱油和酱是酱腌菜常用的调味料，它不仅赋予制品鲜味，而且由于含有较多的食盐、糖及其他固形物，也能增强烹饪原料的防腐能力。

食醋：食醋也是烹饪原料腌制时经常使用的调味料，其主要成分是醋酸，此外还含有其他有机酸、糖类、氨基酸和脂类等物质，这些物质不仅可以使食醋成为芳香美味的调味品，而且还可使其具有相当强的防腐能力。

大蒜：大蒜具有很强的杀菌作用，可以用作蔬菜腌制中的防腐剂，既能起到调味的作用，又能起到抑制微生物的作用。大蒜没有毒性，对人体健康无害，因此与一般的防腐剂相比，更符合人们的食用心理。

香辛料：香辛料也是腌制烹饪原料的腌制剂，常用的有花椒、胡椒、辣椒和生姜等，这些香辛料中都含有相当数量的芳香油，而芳香油中有些成分具有一定的杀菌能力。例如，花椒粒的皮层中含有 3% ~ 5% 的芳香油，其中的花椒素是一种酰胺化合物，不仅具有麻辣味，而且也有一定的防腐作用；胡椒颗粒中含有 1% ~ 2% 的芳香油，使胡椒具有辛辣味和独特的香气，并且有一定的防腐作用；辣椒中的辣椒素除了具有强烈的辣味外，还有较强的抑菌、杀菌能力；生姜在嫩芽或老的茎中都含有约 2% 的香精油，其中的姜酮和姜酚是辛辣味的主要成分，它们也具有一定的防腐作用。不同香辛料的防腐能力相差较大，如豆蔻、生姜、芫荽、芹菜等所含的芳香油，其防腐能力就比较弱。

硝酸盐和亚硝酸盐：在肉类原料的腌制中，除了添加食盐等腌制剂外，有时还要添加硝酸盐和亚硝酸盐等添加剂。硝酸盐和亚硝酸盐除了可以改善肉制品的色泽、增加腌肉的风味外，也可以抑制微生物的繁殖。

由于亚硝酸盐在酸性条件下可生成不稳定的亚硝酸，而亚硝酸又能与烹饪原料中的仲胺反应生成亚硝胺。对动物的致癌性试验证明，亚硝胺是强致癌物质。因此，在腌制肉类原料时应尽量不用或少用硝酸盐和亚硝酸盐，且使用量不得超过有关卫生标准的规定。

2）微生物发酵的防腐作用：在原料腌制的过程中，由微生物引起的发酵作用能发挥防腐功效的主要是乳酸发酵，以及轻度的酒精发酵和微弱的醋酸发酵，这三种发酵作用除了具有防腐功效外，还与腌制品的质量、风味有密切关系，因此被称为正常的发酵。在正常发酵的产物中，最主要的是乳酸，此外是乙醇、醋酸和二氧化碳等。酸和二氧化碳能使环境的 pH 下降，乙醇也具有防腐能力，二氧化碳还具有一定的隔氧作用。这些都有利于抑制有害微生物的生长，是防止烹饪原料腐烂变质的因素。

3）烟熏的防腐原理：烟熏的主要目的并不只是作为一种储存手段，而是为了获得特有的色泽和特殊的香气。原料在烟熏过程中，可以降低微生物的数量；原料表面的水分大量蒸发，通常可减少到 35% 左右，降低了水分活度，抑制了微生物的生长繁殖。在烟熏过程中，随着脱水的进行和水溶性成分的转移，原料表层的食盐浓度增大，若处于加热状态，食盐的杀菌效果明显提高。由于微生物的耐盐性随 pH 的降低而减弱，熏烟中的甲酸、醋酸等附着在原料的表面，使表层的 pH 下降，增强了食盐对微生物的抑制作用。

4）腌制与烟熏制品储存中的质量变化

微生物引起的质量变化：腌制品虽然具有较高的渗透压，可以抑制大多数微生物的生长繁殖，但对于一些耐高渗透压的霉菌和酵母则无能为力，所以蔬菜腌制品和果品糖制品在储存过程中，若管理不善就会因霉菌和酵母生长繁殖而引起发霉。烟熏时，烟熏制品内部的温度上升幅度较小，达不到杀菌温度；同时，制品内部的水分不如表面水分蒸发得快，所以原料内部水分活性较大，难以抑制微生物的生长繁殖，如许多烟熏肉、禽、鱼制品，熏干等豆制品因蛋白质含量高，储存不好易腐败变质。

吸湿与解吸引起的质量变化：腌制品与烟熏制品的水分活性低于其新鲜的原料，当环境的相对湿度大于其水分活性时，环境中的水蒸气就会向制品转移，而制品中又含有大量的亲水性腌制剂，对转移来的水蒸气具有很强的亲和力，因此能吸附大量的水分。制品由于吸湿引起含水量升高，水分活性增大，降低了产品的储存性能，严重时会导致微生物的生长繁殖。当储存环境变干燥，吸湿制品的水分活性高于环境的相对湿度时，制品表面就会发生解吸现象，使制品表面已溶化的盐液或糖液达到饱和状态而出现晶析现象，即所谓的"返砂"，同时，制品也随之干缩变形，商品价值降低。

色泽与风味的变化：腌制和烟熏制品在储存中所发生的色香味变化有微生物繁殖引起的，有氧化酸败引起的，也有美拉德反应等化学反应引起的。有些好盐或耐盐微生物可忍受高渗透压而进行生长繁殖活动，不仅其带有不同色斑的菌落会污染制品，产生异常的色泽，而且还会导致各种异味的产生。例如，咸鱼、腊肉、板鸭等制品在储存中由于发生脂肪氧化酸败而产生哈喇味，氧化酸败的中间产物与制品中的氨基酸及蛋白质发生美拉德反应，反应的产物导致制品变黄，改变了其原来的色泽。

思考与练习

1. 简述感官鉴别的几种检验方法，并写出用"视觉检验"可检验的原料名称。
2. 写出烹饪原料的几种储存方法。

第三章
蔬菜瓜果类原料及初加工技术

学习目标

1. 掌握蔬菜瓜果类原料的分类方法及常见蔬菜瓜果类原料在烹饪中的应用

2. 掌握常见蔬菜瓜果类原料的名称、产季、产地，了解其品质鉴选和储存方法

3. 掌握常见蔬菜瓜果类原料的烹饪用途和初加工方法

第一节　蔬菜瓜果类原料概述

　　我国地大物博，物产丰富，适宜食用的蔬菜瓜果形态各异、种类繁多。蔬菜瓜果是人们膳食中食用最为广泛的一类原料，同时也是人体营养成分的主要来源。蔬菜类原料主要的营养成分是维生素、糖类及膳食纤维。瓜果类原料主要含有维生素、无机盐、微量元素及碳水化合物。

一、蔬菜瓜果类原料的分类

　　蔬菜瓜果类原料在烹饪原料中占有重要的地位，既可作辅料，也可作主料，有着广泛的烹饪用途。蔬菜瓜果类原料的分类从不同角度有不同的分类方法，按食用部位分类，蔬菜瓜果类原料可分为叶菜类、茎菜类、根菜类、瓜果类、花菜类、食用菌类和豆类七大类（图3-1）。

二、蔬菜瓜果类原料的储存方法

　　新鲜的蔬菜瓜果是易腐烂的烹饪原料，其质量极易发生变化。变质的原因主要有两个方面：一是自身的生理变化，蔬菜瓜果类原料是具有生命的植物，其生理上会不断发生

叶菜类：如菜心、芥蓝、菠菜、小白菜、韭菜、人参叶等

茎菜类：如蒜心、鲜笋、芋头、莲藕、土豆、韭菜心等

根菜类：如萝卜、胡萝卜、牛蒡等

蔬菜瓜果类原料 ⎰ 瓜果类：如凉瓜、节瓜、黄瓜、南瓜、番茄、辣椒、哈密瓜等

花菜类：如西兰花、花椰菜、剑花、夜香花、黄花菜等

食用菌类：如鲜草菇、鲜冬菇、金针菇、鲜木耳、杏鲍菇等

豆类：如荷兰豆、蜜豆、豆角等

图 3-1　蔬菜瓜果类原料分类

变化。二是易受微生物的侵害，这是因为蔬菜瓜果类原料含有较多的水分和糖类，有微生物繁殖的良好环境，空气中的微生物孢子只要温湿度适宜，就能很快地在蔬菜瓜果的组织中生长，引起蔬菜瓜果腐烂。因此，蔬菜瓜果类原料要勤购勤销，不要贪多积压，造成浪费。

储存蔬菜瓜果类原料要注意控制温度、湿度，防止微生物繁殖。常用的储存方法有：

（1）低温储存法，如荷兰豆、豆角、蜜豆等需用保鲜袋密封后放入保鲜柜内储存（1~5℃）；西红柿、辣椒等需用器皿盛装；韭黄需用布包好，放入保鲜柜内储存。

（2）干燥储存法，如土豆、洋葱、大蒜、萝卜、冬瓜、芋头、葛、薯等原料应放于通风、干燥、温度较低处储存，避免因温度高而出现发芽长叶的现象，造成蔬菜原料水分和营养大量消耗、品质降低，甚至完全失去食用价值。以上原料如需久存，勿近酒气。

（3）未加工的带有头的蔬菜可用少量清水浸泡头部，放在通风处储存，如芫茜、葱通菜、菊花等。

（4）土豆、马蹄、葛、薯等原料刨皮后暂不使用时，应用清水浸泡，以免表皮变黑。当天用剩的已加工蔬菜，宜摊放在通风处储存。

此外，还有盐腌、埋藏、酸渍、干燥等储存方法。

三、蔬菜瓜果类原料初加工的要求与基本方法

正确选用原料并进行初加工是烹制好菜品的前提。

1. 蔬菜瓜果类原料初加工的要求

（1）按蔬菜瓜果的种类和食用部位合理加工。

（2）采用符合卫生要求的洗涤方法。

（3）减少营养素的流失。

（4）尽量利用可食部分。

2. 蔬菜瓜果类原料初加工的基本方法

（1）摘剔、整理

将蔬菜瓜果类原料中的黄叶、老叶、枯叶、泥沙等不能食用的部分摘除，并进行初步整理。

（2）洗涤

将整理好的蔬菜瓜果类原料用清水洗涤，根据蔬菜瓜果用途的不同，应分别使用不同的洗涤方法，常用的有以下几种：

1）冷水洗涤：将整理好的蔬菜瓜果放在清水中浸泡、清洗，以去除泥沙等污物。

2）盐水洗涤：将整理好的蔬菜瓜果先放入浓度为 2% 的盐水中浸泡约 5 分钟，然后再用清水冲洗干净。用此方法洗涤时应注意，蔬菜瓜果不宜在盐水中浸泡时间过长，否则会影响原料的质量。

3）高锰酸钾溶液洗涤：将整理好的蔬菜瓜果放入浓度为 0.35% 的高锰酸钾溶液中浸泡 5 分钟，然后再用清水洗涤干净。此方法适用于生食凉拌的蔬菜瓜果。

第二节　叶菜类原料的选用及初加工方法

叶菜类原料是指以植物肥嫩的叶柄作为食用部分的原料。叶菜类原料富含维生素和矿物质，大多数生长时间短、适应性强，一年四季都有供应。

1. 菜心

【品质鉴选】菜心又称菜薹，叶宽，卵圆形或椭圆形，叶缘波状，叶片绿色或黄绿色。叶柄有浅沟，浅绿色，叶柄狭长，横切面为半月形，以秋、冬季出产者质量为佳。菜心有柳叶菜心、圆叶菜心、迟菜心、红菜心等，挑选时以茎心不空、表面光滑、花蕾未开的广东产柳叶菜心为质优（图 3-2）。菜心富含粗纤维、维生素 C 和胡萝卜素，经常食用不但能够刺激人体肠胃的蠕动，起到润肠、助消化的作用，对护肤和养颜也有一定的作用。

图 3-2　菜心

【烹饪用途】常用于炒、拌、扒等烹调方法，还可作荤菜的围边、垫底等。

【初加工方法】

（1）菜软：剪去菜花及叶尾端，在菜心棵最嫩处斜剪长7厘米的段，每棵菜剪1～2段，即成菜软。常用于各菜肴的配菜，常见的菜式有"菜软炒鸡球""生炒菜心"等。

（2）郊菜：剪去菜花及叶尾端，在菜心棵最嫩处直剪长12厘米的段，即成郊菜。常用于扒、拌、围边等，常见的菜式有"上汤菜心""金华玉树鸡"等。

（3）直剪菜：剪去菜花及叶尾端，每棵菜斜剪长7厘米若干段。常用于一般菜肴的配菜，常见的菜式有"菜心炒肉片"等。

2. 小白菜

【品质鉴选】小白菜株体直立，基叶坚挺、有光泽、不结球，叶片多呈倒卵形或阔倒卵形，叶脉明显，深绿色，叶柄白色，汤匙形，抱茎，以秋、冬季出产者质量为佳。挑选时以叶色淡绿或墨绿，叶片倒卵形或椭圆形，叶柄肥厚，白色或绿色，矮脚者为质优。小白菜中含有大量的粗纤维，其进入人体内可与脂肪结合，防止血浆胆固醇形成，促使胆固醇代谢物胆酸排出体外，减少动脉粥样硬化的形成，从而保持血管弹性。另外，粗纤维还可促进大肠蠕动，增加大肠内毒素的排出，达到防癌抗癌的目的。

【烹饪用途】常用于煲、滚、扒、炖、炒等烹调方法，常见的菜式有"双菌扒菜胆""菜胆炖鲍翅""金银菜煲白肺"等。

【初加工方法】

（1）用于炖、扒：将小白菜的老叶摘去，去根，按12厘米长切去尾端菜叶，改作菜胆。大棵的可一开二或一开三，小棵的可在菜头部剎"十"字刀纹，洗净即可。

（2）用于煲：切去根部，摘掉老叶，剥开洗净即可。

（3）用于炒：切去根部，去老叶，剥开洗净，切成5厘米的段即可。

3. 芥蓝

【品质鉴选】芥蓝为十字花科一年生草本植物，其肥嫩的花薹和嫩叶可供食用，质脆嫩、清甜，产于广东等地。由于其茎粗壮直立，细胞组织紧密，含水分少，表皮又有一层蜡质，所以嚼起来爽而不硬、脆而不韧。挑选时以秋冬季出产、茎粗壮直立者质量为佳（图3-3）。芥蓝中的胡萝卜素、维生素C含量非常高，并含有丰富的硫代葡萄糖苷，其降解产物为萝卜硫素，有抗癌作用，经常食用有降低胆固醇、软化血管、预防心脏病的功效。

图3-3 芥蓝

【烹饪用途】常用于炒、扒、灼等烹调方法或作配料，常见的菜式有"白灼芥蓝""生炒芥蓝软""碧绿花枝片""姜汁芥蓝"等。

【初加工方法】与菜心的初加工方法相同（如茎粗的可先刨去皮，再斜刀切厚片使用）。

【注意事项】炒芥蓝时可放些糖和料酒，糖能掩盖其苦涩味，料酒可以起到增香的作用。

4. 菠菜

【品质鉴选】菠菜叶柄长，叶片长戟形，深绿色，根部带有红色，质地软滑，以每年10月至翌年4月出产者质量为佳。挑选菠菜时以色泽浓绿，菜梗红短，叶子新鲜，叶厚，伸展得好，有弹性者为佳（图3-4）。菠菜含有大量的植物粗纤维，可促进肠道蠕动、胰腺分泌，助消化，利于排便。菠菜中还含有丰富的胡萝卜素、维生素C、钙、磷及一定量的铁、维生素E等有益成分，能供给人体多种营养物质，其所含铁元素对缺铁性贫血有较好的辅助治疗作用。

图3-4　菠菜

【烹饪用途】常用于炒、扒、滚、浸等烹调方法，也可用于调制菠菜汁，常见的菜式有"窝蛋浸菠菜""冬菇扒菠菜""蒜茸炒菠菜""菠汁鱼块"等。

【初加工方法】去根部，摘去黄叶，洗净，切成长10～12厘米的段，洗净即可。

【注意事项】

（1）因菠菜中含有草酸，易与钙质结合形成草酸钙，影响人体对钙的吸收。故菠菜不宜与含钙丰富的豆类、豆制品类及木耳、虾米、海带、紫菜等同时烹制。

（2）烹制时，先将菠菜用开水烫一下，可除去80%的草酸。

5. 生菜

【品质鉴选】生菜又名玻璃生菜、皱叶生菜，株体直立，叶薄而柔软，叶面多皱缩，叶基部有耳，抱茎，色泽多为浅绿色。选用时以秋季至春季出产者品质为优（图3-5）。生菜清脆爽口，软滑味甘，部分生菜略有苦味。生菜能增加胃液的分泌，可助消化、增食欲，并有镇痛和催眠的作用。

图 3-5 生菜

【烹饪用途】常用于炒、扒、滚、灼、酿、凉拌等烹调方法，常见的菜式有"冬菇扒菜胆""白灼生菜胆""蒜茸炒生菜胆""生炒生菜梗"等。

【初加工方法】

（1）改菜胆：将生菜去根、老叶、老梗，略去尾部，再剪去部分菜叶即成生菜胆。生菜胆大棵的可一开二或一开三，小棵的可在菜根上用刀改十字，用清水洗净即可。

（2）用于炒的配料：将生菜洗净，剪去菜叶、菜梗，改成大榄核形即可。

（3）用于凉拌：将菜梗改成大榄核形，洗净，用淡盐水浸泡15分钟后捞起，沥干水分即可。

（4）用于生食（菜片包）：将生菜叶剪成圆形，洗净，用淡盐水浸泡15分钟后捞起，沥干水分即可。

6. 油麦菜

【品质鉴选】油麦菜又名莜麦菜、牛俐生菜，属菊科，是以嫩梢、嫩叶为食用部分的尖叶形叶用莴苣，叶片呈长披针形，其长相类似莴笋的"头"，叶细长平展，有"凤尾"之称，"笋"又细又短（图3-6）。其色泽淡绿，长势强健，抗病性、适应性强，质地脆嫩，口感极为鲜嫩、清香，具有独特风味。油麦菜中含有大量的维生素和钙、铁、蛋白质、脂肪、维生素A、维生素B1、维生素B2等营养成分。

【烹饪用途】常用于炒、灼、扒等烹调方法，常见的菜式有"蒜茸油麦菜""生灼油麦菜""冬菇扒菜胆""白灼生菜胆""蒜茸炒生菜胆"等。

图 3-6 油麦菜

【初加工方法】将油麦菜去根、老叶、老梗，略去尾部，再剪去部分菜叶即成油麦菜胆，大棵的可一开二或一开三，小棵的可在菜头上用刀改十字，用清水洗净即可。

7. 西生菜

【品质鉴选】西生菜又名球生菜、圆生菜，因从西方引进，故名。属一或二年生草本植物半结球莴苣或结球莴苣。挑选时以包卷结实者为佳（图3-7）。

图3-7　西生菜

【烹饪用途】是生食蔬菜中的上品，也常用于炒、凉拌、滚、白灼等烹调方法，常见的菜式有"蒜茸西生菜"等。

【初加工方法】

（1）用于炒、凉拌：将西生菜剥去老叶，洗净，撕成片即可。

（2）用于包食：将西生菜叶剪成圆形，洗净，用淡盐水浸泡15分钟后捞起，沥干水分即可。

【注意事项】烹制西生菜的时间不宜过长，否则其色泽会变暗淡，还失去爽脆的口感。

8. 通菜

【品质鉴选】通菜又名空心菜、蕹菜，为一年生蔓性草本。其茎中空，叶互生，叶片呈长卵形或短披针形，绿色，含叶绿素丰富，以每年3月至4月上市者质量为佳（图3-8）。通菜有大通菜和细通菜之分，大通菜茎叶粗大，色淡绿，产量高，以水生为主；细通菜茎叶细小，色较浓绿，旱种为主，产量较低。通菜初出时嫩滑可

图3-8　通菜

口，旺产时爽脆，过老时则茎韧味涩。常吃通菜可清热凉血，利尿除湿，解毒。

【烹饪用途】常用于炒、扒等烹调方法或作其他菜肴的配料，常见的菜式有"椒丝腐乳炒通菜""虾酱炒通菜"等。

【初加工方法】新出时，稍摘去老叶和黄叶，切去带须的根部即可使用。旺产时，从叶端开始，用手摘茎，每段约 5 ~ 7 厘米，至近根部老的为止，顶端嫩的部分宜于炒，其余部分多用于扒或作菜底配料用。

【注意事项】通菜中含有一定的草酸，会妨碍人体对钙的吸收，婴幼儿、孕妇、骨折的病人应尽量减少食用。

9. 芥菜

【品质鉴选】饮食业中常用的芥菜有小芥菜、大芥菜（潮州芥菜）和水东芥菜等。小芥菜直立或半直立，茎叶大，叶片为长椭圆形或阔椭圆形，叶面波纹，叶边有锯齿或缺口，质地鲜嫩，味略苦带甘凉，可消暑；大芥菜叶大肥厚，以叶瓣肥厚著称，最大的每棵可达 5 千克，叶朝心内卷曲，状似包心椰菜，但也有不包心的，品种以包心的为肥嫩；水东芥菜以粤西茂名水东地区所产的芥菜品种为优，其口感爽脆，纤维少，味道独特而清甜，收获季节以农历八月十五后至翌年开春三月左右最佳（图 3-9）。

图 3-9　芥菜

【烹饪用途】常用于扒、炒、滚、煲等烹调方法，常见的菜式有"瑶柱扒芥菜胆""四宝扒芥胆""咸蛋肉片芥菜汤""煲烩大芥菜""生炒水东芥菜"等。

【初加工方法】

（1）改菜胆：将芥菜切去头尾，去软叶留梗，改成长约 14 厘米的段，用清水洗净。将芥菜胆放入烧沸的水锅中，炟至熟透捞出，用清水过冷后即可。

（2）用于滚汤：将小芥菜去头、去老叶，洗净，切成长 5 厘米的段即可。

（3）用于炒：将芥菜去头，剥开菜梗，洗净，斜刀将菜梗改成长 5 厘米的段即可。

10. 绍菜

【品质鉴选】绍菜又名大白菜、黄芽白、津菜，其株体直立，叶多面大，呈倒卵状矩圆形，叶边波状有齿，叶肋阔而色淡白，下延至基部，以冬春季所产的质量为佳（图3-10）。绍菜软滑焓甜，性带寒湿，含有丰富的粗纤维，不但能起到润肠、促进排毒的作用，还能刺激肠胃蠕动，帮助消化，对预防肠癌有良好作用。

图3-10　绍菜

【烹饪用途】常用于扒、炒、浸等烹调方法，常见的菜式有"绍菜扒大鸭""绍菜云耳炒鱿鱼""绍菜浮皮浸鱼滑"等。

【初加工方法】

（1）用于扒：将原棵菜切去菜头，摘去老叶，将嫩叶剥下，撕去菜筋，开边，再改成长约15厘米的榄核形。剥制菜胆时，根据菜胆的大小开两边或四边，即成绍菜胆。

（2）用于炒：按上法剥叶，洗净，切成长7厘米的段即可。

（3）用于浸：按上法剥叶，洗净，切成长7厘米的条状，或切成5厘米的榄核形即可。

11. 娃娃菜

【品质鉴选】娃娃菜又称微型大白菜，外形与大白菜一样，但大小只相当于大白菜的1/5～1/4，故被称为"娃娃菜"，是从日本引进的一款蔬菜新品种，近几年开始在国内受到青睐（图3-11）。娃娃菜富含胡萝卜素、维生素B、维生素C及钙、磷、铁、锌等微量元素，其锌的含量在蔬菜中名列前茅。娃娃菜性微寒无毒，经常食用有养胃生津、除烦解渴、利尿通便、清热解毒之功效。

【烹饪用途】常用于炒、浸、扒等烹调方法及围

图3-11　娃娃菜

边，常见的菜式有"上汤浸娃娃菜""蒜茸炒娃娃菜"等。

【初加工方法】

（1）用于炒、浸：用刀切去菜头，洗净后，将菜剖开，切成 4 ~ 6 块即可。

（2）用于扒：切去菜头，剖开、洗净即可。

12. 枸杞叶

【品质鉴选】枸杞为灌木，枝柔软，茎节有刺或无刺，叶互生，卵形或卵状披针形，叶绿色，茎青褐色，以冬春季所产者质量为佳（图 3-12）。枸杞叶味甘而滑，具有养肝明目、软化血管等保健功效，还有解热、治疗糖尿病、止咳化痰等疗效。

图 3-12　枸杞叶

【烹饪用途】常用于灼、滚、浸等烹调方法，常见的菜式有"枸杞滚猪肝汤""上汤浸枸杞""上汤灼枸杞叶"等。

【初加工方法】将枸杞叶从茎上摘下、洗净即可。

13. 豆苗

图 3-13　豆苗

【品质鉴选】豆苗又名龙须菜，为豆科植物豌豆的嫩苗，供食用部位是其嫩梢和嫩叶，色青绿，味道软滑可口，以冬季所产者质量为佳（图 3-13）。豆苗含钙质、B 族维生素、维生素 C 和胡萝卜素，有利尿、止泻、消肿、止痛和助消化等食疗功效。

【烹饪用途】常用于炒、扒、浸、滚等烹调方法，常见的菜式有"鸡油豆苗""蟹肉扒豆苗""上汤浸豆苗"等。

【初加工方法】洗净即可。

14. 人参叶

【品质鉴选】人参叶呈束状或扇状，长 12 ～ 35 厘米。掌状复叶带有长柄，暗绿色，3 ～ 6 枚轮生。小叶通常 5 枚，偶有 7 或 9 枚，呈卵形或倒卵形，基部的小叶长 2 ～ 8 厘米，宽 1 ～ 4 厘米；上部的小叶大小相近，基部楔形，先端渐尖，边缘具细锯齿及刚毛，上表面叶脉生刚毛，下表面叶脉隆起，气清香，味微苦而甘（图 3-14）。人参叶有生津止渴、清燥润肺、滋阴降火、补气之功效。

图 3-14　人参叶

【烹饪用途】常用于灼、浸、滚等烹调方法，常见的菜式有"上汤浸人参叶""鸡汤灼人参叶""皮蛋鱼片人参叶汤"等。

【初加工方法】将叶子摘下，用清水洗净即可。

15. 辣椒叶

【品质鉴选】辣椒叶是辣椒树的嫩叶，长圆状卵形或卵状披针形，长 4 ～ 13 厘米，宽 1.5 ～ 4 厘米，全缘，先端尖，基部渐狭。花单生，俯垂；花萼杯状，不显著 5 齿；花冠白色，裂片卵形（图 3-15）；花柱线状。浆果长指状，先端渐尖且常弯曲，未成熟时绿色，成熟后呈红色、橙色或紫红色，味辣。辣椒叶含有大量人体所需的微量元素，常食辣椒叶有驱寒暖胃、补肝明目、减肥美容的食疗功效。

【烹饪用途】常用于灼、浸、滚等烹调方法，常见的菜式有"上汤辣椒叶"等。

【初加工方法】将叶子摘下，用清水洗净即可。

图 3-15　辣椒叶

16. 西洋菜

【品质鉴选】西洋菜又名凉菜、豆瓣菜，属十字花科，是一二年生水生草本植物，植株高约 30 厘米，匍匐或半匍匐状丛生茎，圆形，幼嫩时实心，长老后中空，青绿色，具多数节；叶互生，每节一叶，奇数羽状复叶，小叶 1 ~ 4 对，卵形或近圆形，顶端小叶较大，深绿色，气温低时会变成暗紫色。选择西洋菜时以质地脆嫩、多汁，11 月至翌年 2 月出产者质量为佳（图 3-16）。广东、广西、福建、台湾、上海、四川、云南等地都有栽培，其中广东的栽培历史最久，栽培面积最大。西洋菜中的营养物质比较全面，含有丰富的维生素及矿物质，经常食用有清燥润肺、化痰止咳、利尿等功效。

图 3-16　西洋菜

【烹饪用途】常用于炒、灼、扒、煲、炖、滚等烹调方法，常见的菜式有"鸡油炒西洋菜""鲮鱼蜜枣煲西洋菜""陈肾炖西洋菜"等。

【初加工方法】将西洋菜切去头部，去老叶、黄叶后洗净，用淡盐水浸泡 10 分钟即可。

17. 紫贝菜

【品质鉴选】紫贝菜为菊科三七草属多年生草本植物。紫贝菜全株肉质，根系较发达，侧根多，浅生，再生能力强。一般株高约 4 ~ 5 厘米，分枝性强。茎近圆直立，叶背和嫩梢紫红色，被茸毛，抗逆性强（图 3-17）。近年在广东、广西、海南、福建、云南、江西、四川、台湾等地农村已有栽培，多作药用或菜用。紫贝菜可用于治疗咳血、血崩、痛经、血气亏损、支气管炎、盆腔炎、中暑和外用创伤止血等。

【烹饪用途】常用于炒、浸、滚等烹调方法，常见的菜式有"紫贝肉片冬瓜汤""清炒紫贝菜""上汤浸紫贝菜"等。

图 3-17　紫贝菜

【初加工方法】将紫贝菜去除老叶，洗净即可。

18. 韭菜

【品质鉴选】韭菜为宿根多年生作物（图3-18），品种有细叶和大叶两种，旱地栽培多为细叶品种；不间作，当年收；围田地区多种植大叶品种，第一年以间作为主，第二年为盛产期。韭菜以供蔬菜食用为主，味道香辣。韭菜可活血散瘀、理气降逆、温肾壮阳，韭汁对痢疾杆菌、伤寒杆菌、大肠杆菌、葡萄球菌均有抑制作用。

图3-18　韭菜

【烹饪用途】常用于炒、煎、滚、灼、炭烧、制馅等烹调方法，常见的菜式有"韭菜炒虾干""韭菜煎蛋饼""白灼韭菜""炭烧韭菜"等。

【初加工方法】将韭菜去除老叶、黄叶，用清水洗净，用于炒、滚、灼的切成4厘米的段；用于煎的切成3毫米的粒；炭烧的则用原棵。

19. 韭黄

【品质鉴选】韭黄为韭菜经软化栽培变黄的产品，将韭菜隔绝光线，完全在黑暗中生长，因无阳光供给，不能产生光合作用合成叶绿素，故变成黄色，称为"韭黄"（图3-19）。韭黄色纯黄，质柔而香，微辣。韭黄因含有挥发性精油及硫化物等特殊成分，可散发出一种独特的辛香气味，有助于疏调肝气、增进食欲、增强消化功能，韭黄还含有大量的维生素和粗纤维，可治疗便秘，预防肠癌。

图3-19　韭黄

【烹饪用途】常用于炒、煎、滚、灼、制馅等烹调方法，常见的菜式有"五彩炒肉丝""韭黄炒滑蛋"等。

【初加工方法】去除老叶、黄叶，用清水洗净即可。用于炒、滚、灼的切成4厘米的段；用于煎的切成3毫米的粒。

20. 南瓜苗

【品质鉴选】南瓜苗又称南瓜软，作为一种新兴的特种菜，已悄然成为人们餐桌上不可多得的佳肴（图3-20）。南瓜苗不仅味道鲜美、口感好、风味独特，而且营养丰富，富含叶绿素及多种人体必需的氨基酸、矿物质和维生素等。常食之，对糖尿病、动脉硬化、消化道溃疡等多种疾病均有一定的疗效。

图3-20　南瓜苗

【烹饪用途】常用于炒、扒等烹调方法，常见的菜式有"椒丝腐乳炒瓜苗"等。

【初加工方法】南瓜苗的嫩梢、嫩茎节、嫩叶片和嫩叶柄，以及嫩花茎、花苞均可食用。初加工时应先撕去带毛的纤维表皮，再除去叶片表面的茸毛，摘成段，放在清水中洗净即可。

21. 龙须菜

【品质鉴选】龙须菜又称佛瓜苗，是佛手瓜藤上的嫩梢，因其碧绿多须而得名（图3-21），原来生长在墨西哥和中美洲，19世纪初传入中国，在云南、台湾、福建和广东等省都有种植。龙须菜富含纤维，经常食用有通便排毒的作用。

【烹饪用途】常用于炒和凉拌，常见的菜式有"豆豉鲮鱼炒龙须菜""凉拌龙须菜"等。

图3-21　龙须菜

【初加工方法】将龙须菜洗净，切去头部老段，再切成长 6 厘米的段即可。

小知识

关于龙须菜

　　在我国的不同地区，都有被称为"龙须菜"的植物：在粤东南澳岛有龙须菜，属藻类植物，是制作鲍鱼饲料和提炼工业用琼胶的原料；云南中越边境海拔在 2 500 米以上生长的云龙菜也叫龙须菜，其表面有层"潺"，烹饪前须洗净；而在浙南，龙须菜指的是一种纯野生的苔藓植物，是庆元一带的特产，只生长在险峻的森林及岩壁地带，全用手工采集挑选，用其制作的冷菜是浙南酒宴四大冷盘之首；在北京，龙须菜指芦笋；在广东地区，龙须菜就是佛手瓜苗。

第三节　茎菜类原料的选用及初加工方法

　　茎菜类原料是指以植物肥大的变态茎作为食用部分的蔬菜，常见的有蒜心、竹笋、莲藕、马铃薯、莴笋等。

1. 蒜心

　　【品质鉴选】蒜心又名蒜薹，为宿根植物，其鳞茎由若干个叶鞘抱合而成，叶狭长，扁平，味香、甜、爽，以春季出产者质量为优，株棵粗壮、整齐、洁净、不折断者为佳（图3-22）。蒜心具有明显的降血脂及预防冠心病和动脉硬化的作用，并可预防血栓的形成，还能保护肝脏，诱导肝细胞脱毒酶的活性，阻断亚硝胺致癌物质的合成，从而预防癌症的发生。

　　【烹饪用途】常用于炒和凉拌，常见的菜式有"蒜心炒牛柳""蒜心炒鱿鱼须""凉拌蒜心"等。

　　【初加工方法】将蒜心切去老梗和尾部白花，然后洗净，切成长 4 厘米的段即可。

图3-22　蒜心

2. 鲜竹笋

【品质鉴选】行业中使用的鲜竹笋根据不同的季节分为三种，分别是春季出产的文笋（又称笔笋）、夏季出产的鲜笋和冬季出产的冬笋（图3-23）。

文笋是制作毛笔杆的细竹之笋，连壳衣横径只有 2 ~ 3 厘米，500 克有 10 余条，尖锥形，肉质白中带黄、脆嫩味甜。

鲜笋呈椭圆形，外壳呈表黄色，被茸毛，肉色白中带淡黄，单个重500 ~ 1 500 克，肉质嫩滑。

冬笋多产自于毛竹（大南竹），呈锥形，长20 ~ 25 厘米，微弯，笋壳土黄色，单个重500 ~ 1 000 克，肉嫩、脆甜。

文笋　　　　　　　　　　鲜笋　　　　　　　　　　冬笋

图3-23　竹笋

【烹饪用途】常用于炒、酿、焖、烩等烹调方法，常见的菜式有"鲜笋炒虾球""百花酿鲜笋""鲜笋焖田鸡""三丝烩鱼肚"等。

【初加工方法】将原只笋斩去头部，再在笋身直剖一刀，去除外壳，取出笋肉，逆刀削去笋节衣，使其圆滑，洗净，根据烹调方法进行初加工。

（1）用于炒：切丁的切成 1 厘米见方的丁即可；切丝的切成长 6 厘米、粗 0.3 厘米的丝即可；切片的切成约长 4 厘米、宽 2 厘米、厚 0.3 厘米的片即可。

（2）用于焖：切成约长 4 厘米、宽 2 厘米、厚 0.6 厘米的片，或切成斧头件即可。

3. 韭菜心

【品质鉴选】韭菜心又名韭菜花，属百合科多年生草本植物，清甜、脆嫩，挑选时以茎杆粗壮、色泽浅绿、花未开放的嫩品为佳（图 3-24）。韭菜心富含水分、蛋白质、糖类、灰分，及钙、磷、铁、维生素 A、维生素 B_1、维生素 B_2、维生素 C 和膳食纤维等。

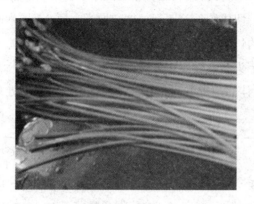

图 3-24　韭菜心

【烹饪用途】常用于炒或作馅料，常见的菜式有"韭菜心炒虾干""韭菜心炒鱿鱼"等。

【初加工方法】将韭菜心去头、花，洗净，用于炒的切成长 4 厘米的段即可。

4. 芋头

【品质鉴选】芋头又名芋艿，是一种多年生草本的球茎，供应期为每年 6 月至翌年 2 月，有圆形、卵形、椭圆形，表皮黄褐色为多，果肉有白色、米白色及紫灰色，有的还有粉红色或褐色的纹理，含淀粉丰富，粉烚而香，各地均有出产，以广西的荔浦芋头、广东乐昌的炮弹芋质优（图 3-25）。广西的荔浦芋头肉质松软，香味很浓，剖开芋头可见芋肉布满细小红筋，类似槟榔花纹，故又称槟榔芋头；广东乐昌的炮弹芋个头大，重约 1 500 ~ 2 500 克，芋肉香粉，香味浓。芋头含有大量的淀粉、膳食纤维、维生素 B 及钾、钙、锌等，其中以膳食纤维和钾含量最多，营养丰富。

图 3-25　芋头

【烹饪用途】常用于焖、炸、煎、烩等烹调方法及制作馅料、制作糕点等，常见的菜式有"香芋焖排骨""荔浦扣肉""酥炸蜂巢芋虾"等。

【初加工方法】先将芋头切去头、尾，刨皮洗净，再根据烹饪用途进行初加工。

（1）用于制作扣肉：切成约长6厘米、宽3厘米、厚0.5厘米的长方块即可。

（2）用于焖：切成约长4厘米，宽2厘米的条状即可。

（3）用作馅料：将芋头蒸熟后压成泥状即可。

【注意事项】芋头最佳的削皮方法是在流动的水中或戴手套处理，因为芋头的黏液会使皮肤过敏。

小知识

市场上供应的芋头品种很多，如久负盛名的广西荔浦香芋、花都炭步的小香芋、南昆山的紫心香芋、连南的火山芋等。而近几年，十分走红的当数广东韶关乐昌的张溪芋，也称"炮弹芋头"，每个重3～4千克，甚至5千克以上。炮弹芋头具有个头大、皮薄、松粉等特点。挑选炮弹芋头时以个头大、端正，较结实，没有斑点者为佳品。

---

5. 莲藕

【品质鉴选】莲藕为水生草本，其花为莲花，其种子为莲子，其地下茎即是莲藕，各地均有出产，广东以广州南沙新垦所产的莲藕质量为佳，供应期为每年8月至12月（图3-26）。莲藕有红花藕和白花藕：红花藕外皮为褐黄色，体形短粗，生藕吃起来味道苦涩；白花藕外皮光滑，呈银白色，体形长而细，生藕吃起来甜，一般炒藕片用白花藕。另外，还有一种品质一般的麻花藕，其外表粗糙，呈粉色，含淀粉较多。挑选莲藕时以藕身肥大，肉质脆嫩，水分多而甜，带有清香者为佳。莲藕含有淀粉、蛋白质、维生素C，含糖量也很高。生吃鲜藕可清热解烦、解渴止呕，熟食可健脾开胃、益血补心。

图3-26　莲藕

【烹饪用途】常用于炒、煲、凉拌、炸、煎、焗等烹调方法，常见的菜式有"南乳汁炒莲藕片""莲藕红豆煲脊骨""酥炸藕盒""泰汁焗藕盒""凉拌爽藕片"等。

【初加工方法】将莲藕去泥洗净，原条去节。用于焖的拍裂切块即可；用于炒的去皮、开边，切成厚0.2厘米的薄片即可；用于煲汤的可原段使用。

【注意事项】为了防止莲藕褐变，莲藕去皮切片后，要浸泡于水中。

6. 马铃薯

【品质鉴选】马铃薯又称薯仔、土豆，有扁圆形、圆形、长圆形，外表皮为黄褐色，肉为黄白色，质地松化略甜，带有腥闷味，以每年秋冬季出产者质量为优，挑选时以体大形正，整齐均匀，皮薄而光滑，芽眼较浅，肉质细密，味道纯正者为最佳（图3-27）。马铃薯含有淀粉、蛋白质、无机盐和多种维生素，兼具蔬菜和粮食的双重优点，各种营养成分的比例均衡且全面，经常食用对脾胃虚弱、消化不良、肠胃不和、腹脘作痛、大便不畅患者效果显著。

图3-27　马铃薯

【烹饪用途】常用于炒、焖、煲、炸等烹调方法及制作馅料，常见的菜式有"清炒土豆丝""咖喱薯仔焖鸡""土豆煲牛腩""罗宋汤"等。

【初加工方法】将马铃薯刮去表皮，浸于清水中备用。用于炒的一般切成长6厘米、粗0.5厘米的细丝；用于焖和煲的切成斧头块；用作馅料的则蒸熟后压成泥状即可。

【注意事项】

（1）发芽的马铃薯不能吃，以免龙葵素中毒。

（2）为防止马铃薯褐变，马铃薯去皮加工后要浸泡于水中。

7. 鲜淮山

【品质鉴选】鲜淮山又称大薯、山药，为多年生草本植物，其茎蔓生，常带紫色，块根圆柱形。上市供应期为每年 10 月至翌年 2 月，挑选时以条粗、身重、须毛多、横切面肉质呈雪白色者为佳（图 3-28）。淮山可降血脂、调理肠胃，减少皮下脂肪堆积，能防止结缔组织萎缩，预防类风湿关节炎等。淮山含有可溶性纤维，能帮助消化、降血糖，是糖尿病患者的膳食佳品。

图 3-28　鲜淮山

【烹饪用途】常用于焖、煲、炖等烹调方法及制作甜品、制作馅料，常见的菜式有"鲜淮山焖滑鸡""鲜淮山眉豆煲排骨""浓汤浸鲜淮山""淮山百合炒云耳"等。

【初加工方法】将鲜淮山去头、尾，削皮，洗净，用淡盐水浸泡备用。用于炒的可斜切成厚约 0.15 厘米的片；用于焖的切成斧头件或切约长 4 厘米、宽 1.5 厘米的条状；用作馅料的则蒸熟后压成泥状即可。

【注意事项】鲜淮山去皮后需立即浸泡在盐水中，以防止其氧化褐变。

8. 芦笋

【品质鉴选】芦笋又名石刁柏、山文竹，是石刁柏的嫩茎，因其嫩茎挺直，顶端鳞片紧抱，形如石刁，枝叶展开酷似松柏针叶，故名石刁柏。芦笋以嫩茎供食用，质地鲜嫩，风味鲜美，柔嫩可口，在每年 4 月至 6 月下旬供应市场（图 3-29）。一般食用芦笋可分为绿芦笋和白芦笋两种，白芦笋在地下嫩茎未出土前即行采集；绿芦笋地下嫩茎凸出地面约 20 ~ 30 厘米时，因受阳光照射而变成绿色。两者以绿芦笋所含营养较高，尤其是嫩茎的顶尖部分。芦笋低糖、低脂肪、高纤维素和高维生素，是一种能消除疲劳、有解毒功能的食

图 3-29　芦笋

品，同时，芦笋对心血管病、血管硬化、肾炎、胆结石、肝功能障碍和肥胖均有疗效。

【烹饪用途】常用于炒、扒、酿等烹调方法，常见的菜式有"芦笋炒桂鱼球""黄金汁扒芦笋"等。

【初加工方法】将芦笋头部较老的部分切掉，削去外层硬皮，斜刀切成段，用清水洗净即可。

【注意事项】芦笋冷藏保鲜时要先用开水煮 1 分钟，晾干后装入保鲜袋中，扎口放入冷冻柜，食用时取出。

9. 鲜百合

【品质鉴选】鲜百合是百合科百合属多年生草本球根植物，选用时以新鲜、鳞茎肥厚、无机械损伤、去泥沙者为佳（图 3-30）。百合含多种生物碱和营养物质，有良好的营养滋补功效，特别对病后体弱、神经衰弱等症大有裨益。支气管不好的人常食百合，有助病情改善。百合中的硒、铜等微量元素能抗氧化、促进维生素 C 的吸收。

【烹饪用途】常用于炒、滚、煲、炖等烹调方法及制作甜品，常见的菜式有"西芹百合炒腰果""鲜百合椰子煲鸡"等。

【初加工方法】用小刀切去头部，去掉烂的百合瓣，将百合一片片剥开，用清水洗净，浸泡于水中即可（图 3-31）。

图 3-30　鲜百合

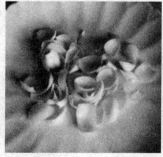

图 3-31　加工鲜百合

10. 洋葱

【品质鉴选】洋葱又名球葱、圆葱、玉葱、葱头、荷兰葱，为百合科葱属，由互相抱合的鳞片组成鳞茎，扁圆形或椭圆形，外部鳞片多呈紫红色或青黄色，肉白色；味辛辣而香，带爽甜。洋葱在我国分布很广，南北各地均有栽培，是目前我国的主栽蔬菜之一。洋葱有橘黄色皮和紫色皮两种，最好选择橘黄色皮的，这种洋葱每层鳞片较厚，水分较多，口感较脆，同时选择包卷紧密、表皮越干越好（图3-32）。洋葱营养丰富，且气味辛辣，能刺激胃、肠及消化腺分泌，增进食欲，促进消化；洋葱不含脂肪，其精油中含有含硫化合物的混合物，能降低胆固醇，可用于治疗消化不良、食欲不振、食积等症，洋葱还具有杀菌作用。

图3-32　洋葱

【烹饪用途】常用于炒、焖菜肴的配料或作"料头"原料，常见的菜式有"洋葱木耳炒土鱿""咖喱焖滑鸡"等。

【初加工方法】将洋葱去头、尾，剥去老皮，洗净，再根据菜式需要切成块、丁、粒、丝、圈等形状即可。

【注意事项】为减少切洋葱时其对眼睛的刺激，可在切洋葱之前把洋葱放在冷水中浸泡一会儿或切后立即放入水中。

11. 莴笋

图3-33　莴笋

【品质鉴选】莴笋又称莴苣、香笋，菊科，莴苣属，一二年生草本植物。莴笋可分为叶用和茎用两类，我国各地都有栽培。莴笋肉质脆嫩，挑选时以笋粗而长者为佳（图3-33）。莴笋含有蛋白质、糖类、灰分、维生素A、维生素B1、维生素B2、维生素C，微量元素钙、磷、铁、钾、镁、硅等和食物纤维，可增进人体骨骼、毛发、皮肤的发育，其所含烟酸是胰岛素激活剂，糖尿病人经常吃些莴笋，可改善糖的代谢功能。

【烹饪用途】常用于凉拌、炒、干制或腌渍等烹调方法，常见的菜式有"莴笋炒猪肚丝""凉拌三丝"等。

【初加工方法】先将莴笋摘去叶，刨去皮，洗净，再根据不同的烹调用途进行初加工。用于炒的可切成长4厘米、宽2厘米、厚0.2厘米的片或切成长6厘米、宽0.3厘米的条状。

12. 马蹄

【品质鉴选】马蹄又称荸荠、地栗，是其地下匍匐茎先端膨大的球茎，扁圆、球形，表面平滑，老熟后呈深栗壳色或枣红色，有环节3～5圈，并有短鸟嘴状顶芽及侧芽，肉为白色、质地脆嫩，多汁而甜，原产印度，在我国主要分布于江苏、安徽、浙江、广东等省的水泽地区，广西马蹄久负盛名。挑选时以个大、洁净、新鲜、皮薄、肉细、味甜、爽脆、无渣者为质优（图3-34）。荸荠中磷的含量是根茎类蔬菜中较高的，磷能促进人体的生长发育。

图3-34 马蹄

【烹饪用途】常用于炒、焖、炖、煲等烹调方法，还可用于制作面点，常见的菜式有"缤纷花枝片""胡萝卜马蹄煲脊骨"等。

【初加工方法】将马蹄洗净，去芽、去皮，再根据烹调用途进行初加工。用于炒的可切成1厘米的正方形片或横切成厚约0.3厘米的片。

【注意事项】荸荠不宜生吃，因为荸荠生长在泥中，其外皮和内部都有可能附着较多的细菌和寄生虫，所以一定要洗净、去皮、煮透后方可食用。

小知识

泮塘五秀

"泮塘五秀"是指早期在广州市荔湾区泮塘地区出产的五种质量优良的蔬菜原料，分别是慈菇、菱角、马蹄、莲藕、茭笋。

第四节　根菜类原料的选用及初加工方法

根菜类原料是以植物变态的肥大根部作为食用部分的蔬菜，常见的有牛蒡、萝卜、胡萝卜、粉葛等。

1. 牛蒡

【品质鉴选】牛蒡的别名是东洋参、牛蒡菜，呈长圆条状，表皮浅黄色，肉质洁白。挑选时以长60厘米以上，直径2厘米以上，表皮光滑细嫩，形体正直而新鲜者为上品（图3-35）。牛蒡富含粗纤维及营养素，其所含的胡萝卜素、钙和蛋白质等均居各蔬菜之首，并富含精氨酸，经常食用有解热散结、祛风利咽、止咳利尿等功效。

【烹饪用途】常用于炒、煲、炖等烹调方法及凉拌，常见的菜式有"牛蒡鸡脚汤""牛蒡炖羊肉""牛蒡煲脊骨"等。

图3-35　牛蒡

【初加工方法】

（1）用于煲、炖：切去头、尾，剥去外皮，洗净后切成厚件或切成条状即可。

（2）用于炒、凉拌：切去头、尾，剥去外皮，切成中丝或切成薄片，用清水浸泡待用。

【注意事项】新鲜的牛蒡易被空气氧化而变黑，降低其营养价值。

小知识

牛蒡

牛蒡富含人体必需的各种氨基酸、蛋白质、粗纤维、多种微量元素（钙、磷、铁、硒）、胡萝卜素、维生素B_1和维生素B_2等，且具有以下特殊功效：

1. 可增强人体内最硬的蛋白质"骨胶原"，提升体内细胞活力。

2. 在体内发生化学反应，可产生30种以上的物质，其中"多量叶酸"能防止人体细胞发生不良变化，防止癌细胞产生。

3. 促进体内细胞的增殖，强化和增强白细胞、血小板，使T细胞以3倍的速度增长，增强免疫力。

4. 促使体内磷、钙及维生素D在组合上的平衡。

5. 能清理血液垃圾，促进体内细胞的新陈代谢，减缓衰老，消除皮肤色斑，使肌肤美丽细致。

2. 萝卜

【品质鉴选】萝卜又称莱菔，为一年生或二年生草本，肉质根，大小、颜色因品种不同而异，品种极多，常见的有红萝卜、青萝卜、白萝卜、水萝卜和心里美萝卜等，为我国主要蔬菜之一。萝卜一般呈纺锤形或圆柱形，质地烩甜，性带寒湿，品种不同供应期也不同。萝卜有消食、化痰定喘、清热顺气、消肿散淤之功效。多吃爽脆可口、鲜嫩的萝卜，不仅开胃、助消化，还能滋养咽喉、化痰顺气，有效预防感冒。另外，萝卜的营养价值很高，含有丰富的碳水化合物和多种维生素，其中维生素 C 的含量比梨高 8 ~ 10 倍。萝卜不含草酸，有利于钙的吸收。

【烹饪用途】常用于炖、煲、焖类菜肴的配料或腌渍成泡菜，常见的菜式有"白肺炖青萝卜""萝卜焖牛腩""青红萝卜煲咸猪骨"等。

【初加工方法】将萝卜刨皮洗净，按需要切成各种规格。

（1）用于焖：改成"日"字形块，规格为长 5 厘米、宽 3 厘米、厚 6 毫米；或切成粗丝，规格为长 6 厘米、粗 0.4 厘米。

（2）用于炖：改成棋子形，规格为直径 4 厘米、厚 2 厘米。

（3）用于煲：用滚刀法改成斧头块即可。

3. 胡萝卜

【品质鉴选】胡萝卜又名甘笋，为一年生或二年生草本的肉质根，长圆形，表皮较平滑，橙红色，烩甜带微青闷味。含维生素 C 比一般水果多，含铁、钙、磷等微量元素丰富，有助于人体消化。供应期以 11 月至翌年 1 月为佳。

【烹饪用途】常用于煲、炒类菜肴的配料及食品雕刻，常见的菜式有"五彩炒鸡丝""胡萝卜菜干煲白肺"等。

【初加工方法】用于煲的初加工方法与萝卜相同。用于炒的可切成丝，规格为长 6 厘米、粗 0.3 厘米；也可切成片，规格为长 4 厘米、宽 2 厘米、厚 0.3 厘米（图 3-36）。

图 3-36　胡萝卜切丝

4. 粉葛

【品质鉴选】粉葛是一种缠绕藤本的块根，长棒形略有弯曲，表皮较厚有皱褶，黄褐色，肉白色，富含淀粉质（图3-37）。粉葛较耐储存，以产于高明、乐昌、粤北地区的粉葛为质优，供应期以12月至翌年2月为佳。挑选时以块大、质坚实、色白、粉性足、纤维少者为质优。粉葛对高血压、心绞痛、胃溃疡、胃痉挛、胃炎性疼痛等症有一定疗效，既是常用的中药材，又是膳食佳品，是人们日常降压降脂降火的首选功能食品。

图3-37　粉葛

【烹饪用途】常用于煲、扣、焖类菜肴及火锅的配料，常见的菜式有"赤小豆粉葛煲猪展""粉葛扣肉""南乳粉葛焖火腩"等。

【初加工方法】将粉葛去头、尾，去皮，洗净即可进行加工。用于焖、扣的，可改切成"日"字块，规格为长5厘米、宽2.5厘米、厚0.6厘米；用于火锅的，切成薄片即可。

【注意事项】粉葛刀工处理后要用水浸泡片刻。

第五节　瓜果类原料的选用及初加工方法

瓜果类原料是以植物的果实、种子作为食用部分的蔬菜，烹饪中常用作菜肴的主配料，也是制作甜品、水果拼盘、西餐菜品的原料。

1. 凉瓜

【品质鉴选】凉瓜又名苦瓜，有短圆锥形、长圆锥形和长条形三种，瓜皮有瘤状凸起，青绿或淡青绿色，老熟时橙黄色。凉瓜食味焓滑、甘苦带凉，可祛火消暑。挑选时以春夏季出产者为优，以果瘤大、果形直立，纹结饱满者为质佳（图3-38）。凉瓜含有蛋白质、淀粉及铁、钙、磷、维生素 C 等微量元素。凉瓜的味道微苦，能刺激唾液及胃液大量分泌，有助于消化和增加食欲，且具有降血糖、降血脂、抗肿瘤、预防骨质疏松、调节内分泌、抗氧化、抗菌以及提高人体免疫力等药用和保健功能。

图 3-38　凉瓜

【烹饪用途】常用于炒、焖、酿、煲、扒等烹调方法，常见的菜式有"豉汁生炒凉瓜""凉瓜炒牛肉""潮式凉瓜焖排骨""百花酿凉瓜""黄豆凉瓜炖排骨"等。

【初加工方法】

（1）用于炒：将凉瓜切去头尾，开边、去瓜瓤，炟熟后斜刀切成厚 0.3 厘米的中片；或不炟熟，斜刀切成薄片。

（2）用于酿：将凉瓜切去头尾，切成 2 厘米宽的段，挖去瓤，放入沸枧水中炟至青绿色至透，过凉待用（图 3-39）。

（3）用于焖：将凉瓜切去头尾，开边，炟熟后切成"日"字形件即可（图 3-39）。

用于酿

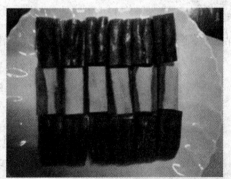
用于焖

图 3-39　加工凉瓜

2. 冬瓜

【品质鉴选】冬瓜瓜体硕大，长圆筒形或近球形，长圆筒形的居多，瓜皮色一般有三种，皮色不同，其瓜肉质地也不同。瓜皮青绿色的水分多，味淡甜软滑；瓜皮浓绿色的，瓜肉组织结构结实；瓜皮青绿色带有灰色蜡粉的，瓜肉含淀粉多。冬瓜的供应期为6月至8月。冬瓜富含维生素 B_1 和维生素 B_2，维生素 B_1 可促使人体内的淀粉、糖转化为热能而非脂肪，所以冬瓜有助减肥，并有利尿消肿、清热解毒的作用。

【烹饪用途】常用于炖、焖、扒、炒、滚、烩、煲等烹调方法，常见的菜式有"八宝冬瓜盅""蟹肉扒瓜脯""冬瓜焖田鸡""八宝滚冬瓜粒汤""鲜虾鱼肚烩冬茸"等。

【初加工方法】冬瓜的用途甚广，因而初加工方法有很多。

（1）瓜盅：用于原只炖，在无损伤有皮冬瓜近蒂部约2～4厘米处切断，在刀口处刨斜边至见白色瓜肉为止，再用刀改刻锯齿边，然后挖空瓜瓤成盅形即可。

（2）瓜脯：用于"白玉藏珍"或炖时，将冬瓜去皮、去瓤，洗净，改成约20厘米的方件，改去四角，并在瓜肉表面刻上"井"字刀纹即可；用于扒时，改成柳叶形或蝴蝶形即可。

（3）棋子瓜：用于焖或炖，将冬瓜去皮、去瓜瓤，洗净后切成长条状，改成直径约3厘米的圆条，再切成厚约2厘米的棋子形即可。

（4）瓜夹：用于扣，将冬瓜去皮、去瓤，洗净后改成海棠形或其他形状，如用于夹火腿、大虾等制作扣的菜式。

（5）瓜粒：用于滚汤或烩羹，将冬瓜去皮、去瓜瓤，洗净，先开条再切成1厘米的方丁粒即可。

（6）瓜茸：用于烩羹，将冬瓜去皮、去瓤，洗净后磨成茸或切成丝后再横切成细粒即可。

3. 节瓜

【品质鉴选】节瓜又称毛瓜，原产我国南部，是我国的特产蔬菜之一，在岭南各地栽培历史悠久。瓜身圆筒状，瓜面具数条浅纵沟或星状绿白点，青绿色，密被茸毛，肉质幼滑，一般瓜重250～500克，以夏季出产者品质为佳（图3-40）。节瓜具有清热、祛暑、解毒、利尿、消肿等功效，是炎热夏季的理想蔬菜。

图3-40 节瓜

【烹饪用途】常用于扒、酿、滚、煲、蒸、焖等烹调方法。常见的菜式有"腿汁扒节瓜脯""玉环瑶柱脯""节瓜咸蛋肉片汤""节瓜蜜枣煲脊骨"等。

【初加工方法】

（1）节瓜脯：用于扒，将节瓜去毛皮，洗净开边，在节瓜表面刻上"井"字刀纹即可（宜选用直径较小的节瓜）。

（2）用于酿：将新出的嫩节瓜用竹片刮去表皮，洗净，切去头尾，挖去中间的瓜瓤即成。

（3）用于滚：用竹片刮去节瓜表皮，洗净，切成"日"字形中片即可。

（4）用于煲：用竹片刮去节瓜表皮，洗净，切成长5厘米的段或开边切斧头件即可。

4. 茄子

【品质鉴选】茄子又称茄瓜、矮瓜，是茄科茄属一年生草本植物，热带为多年生，有圆形、椭圆形和梨形等，表皮有光泽，色泽有紫红色、青绿色、粉白色几种。茄子肉质细嫩软滑，夏秋季出产，挑选时以果形均匀周正，皮薄籽少，肉厚细嫩者为佳。茄子的营养较丰富，含有蛋白质、碳水化合物、维生素以及钙、磷、铁等多种营养成分，特别是维生素P的含量很高，每100克中即含750毫克维生素P。所以，经常吃些茄子，有助于防治高血压、冠心病、动脉硬化和出血性紫癜。

【烹饪用途】常用于蒸、焖、扒、酿、凉拌等烹调方法，常见的菜式有"豉油皇蒸秋茄""红烧茄子煲""煎酿三宝"等。

【初加工方法】

（1）用于蒸：将茄子去头尾、洗净，用刀开边后，根据茄子的大小切成若干条状即可（图3-41）。

图3-41　茄子加工成条状

（2）用于焖：将茄子刮去表皮，切成条状或斧头块即可。

（3）用于酿：斜刀切"双飞件"即可。

【注意事项】茄子切后要用清水稍浸泡，以防褐变。

5. 青瓜

【品质鉴选】青瓜又称黄瓜、胡瓜、刺瓜，形似短棒，表皮有小刺凸起，皮色以绿色为主，但易转黄色，瓜肉质地爽脆而甜。青瓜以夏、秋季所产品质为佳，以瓜体表面有凸起的黑瘤，瘤上着生刺毛，瓜瓤小，种子少，肉质脆嫩者品质优。青瓜脆嫩多汁，含多种维生素，具有清热、解渴、润肠之功效。

【烹饪用途】常用于炒、浸、冷菜的配料，常见的菜式有"青瓜炒爽肚""浓汤浸青瓜""凉拌青瓜（拍黄瓜）"等。

【初加工方法】将青瓜洗净，去头尾，剖开四边，去瓜瓤，用于炒、浸的斜刀切成薄片；用于凉菜的切成丝状或条状。

6. 云南小瓜

【品质鉴选】云南小瓜又称西葫芦，为葫芦科南瓜属，原产北美洲南部，现我国各地广泛栽培。瓜皮有白、白绿、金黄、深绿、墨绿或白绿相间等色，长圆形，瓜面光滑美观，单瓜重 600 ~ 1500 克，肉质嫩、味微甜、肉厚瓤小。西葫芦具有清热利尿、除烦止渴、润肺止咳、消肿散结的功效。

【烹饪用途】常用于炒、酱爆菜式的配料，常见的菜式有"云南小瓜炒牛柳""云南小瓜酱爆咸肉粒"等。

【初加工方法】将云南小瓜用清水洗净后，切去头尾，一剖为二，先切成长 5 厘米的段，再横切成厚 3 毫米的"日"字形片即可。

7. 丝瓜

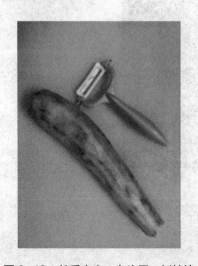

【品质鉴选】丝瓜又名胜瓜，为葫芦科攀缘草本植物，茎蔓性，瓜皮有明显纵向五棱角，皮绿色，瓜身长棒形。丝瓜以 4 月至 9 月上市的质量好，挑选时以瓜条匀称、翠绿、质地脆嫩、味清甜者为佳。丝瓜有清凉、利尿、活血、通经、解毒的功效。

【烹饪用途】主要用于炒、蒸、扒、滚等烹调方法，常见的菜式有"蒜茸蒸丝瓜""洋葱胜瓜炒鲜鱿鱼""蟹肉扒丝瓜条"等。

【初加工方法】先将丝瓜切去头尾，刨去棱边，洗净，再按烹饪用途加工（图 3-42）。

图 3-42　丝瓜去皮、去头尾，刨棱边

（1）用于炒的，一剖四条，去瓤，斜刀切成长 4 厘米的菱形块即可（图 3-43）。

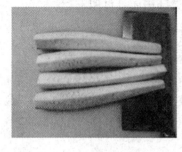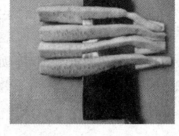

一剖四条　　　　　　　　　　去瓤　　　　　　　　　　切菱形块

图 3-43　切菱形块

（2）用于蒸的，则横切成长 2 厘米的棋子形即可。

（3）用于滚的，滚刀切成斧头件即可（图 3-44）。

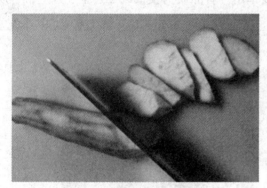

图 3-44　丝瓜滚刀切块

8. 南瓜

【品质鉴选】南瓜又名麦瓜、番瓜、倭瓜、金瓜，是葫芦科南瓜属植物，因产地不同，称谓各异。南瓜在中国各地都有栽种，嫩果味甘适口，是夏秋季节的瓜菜之一。南瓜一般重 4 ~ 8 千克，淡黄至橘黄色，扁球形、球形至长圆形等。现在饮食业常用的是引进品种"日本小金瓜"，重量在 0.5 千克左右，橙红色。南瓜含有淀粉、蛋白质、胡萝卜素、维生素 B、维生素 C 和钙、磷等成分，能促进胆汁分泌，加强胃肠蠕动，帮助食物消化。南瓜还含有丰富的钴元素，在各类蔬菜中含钴量居首位。钴能活跃人体的新陈代谢，促进造血机能，并参与人体内维生素 B12 的合成，是人体胰岛细胞所必需的微量元素，对防治糖尿病、降低血糖有特殊疗效。

【烹饪用途】常用于蒸、焖、炸、扒、焗或制作调味汁等，常见的菜式有"南瓜蒸排骨"

"金沙南瓜条""鲍汁扒南瓜""泰汁焗南瓜"等。

【初加工方法】将南瓜切去头尾、挖净瓜瓤，洗净，根据烹饪用途进行加工。

（1）用于蒸、炖：将南瓜洗净后，从瓜蒂中间切开，去净瓜瓤即可，如"金瓜豉汁蒸排骨"。

（2）用于焗：将南瓜刨去皮，切成"日"字形块即可，如"金瓜焖田鸡"。

（3）用于制作馅料：将南瓜去皮、切件，放入蒸柜中蒸熟，用刀压成茸状待用，如"金瓜焗节虾"。

9. 辣椒

【品质鉴选】辣椒又名秦椒、青椒、番椒，分圆椒（灯笼椒）、尖椒（牛角椒）和指天椒三大类（图3-45）。圆椒又有单皮、双皮两种，单皮圆椒早熟、肉薄皮软，味微辣，不耐储存；双皮圆椒较单皮圆椒迟熟10多天，质优，肉厚，味微辣带甜。尖椒辣味中等，指天椒味极辣。辣椒一年四季均有出产，以春夏季出产者品质为佳，以2月至3月上市者质量为优。辣椒含有丰富的维生素P、维生素A、维生素B_1、维生素B_2、维生素C，其维生素C的含量居各蔬菜之首。

灯笼椒　　　　　　　　　　　　　　尖椒

图3-45　辣椒

【烹饪用途】常用于炒、煎焖菜肴和作"料头"，常见的菜式有"豉椒炒鳝球""煎焖辣椒""豉椒炒爽肚"等。

【初加工方法】将辣椒洗净，根据烹饪用途进行初加工。

（1）用于炒：一手执椒，一手执蒂，将蒂先向椒肚内推入，再将蒂拉出，并抖去椒籽，洗净后切三角形块即可。

（2）用于煎焖：将尖椒切去蒂，在中间剖开，去籽，洗净即可。

（3）用作料头：切去蒂，从中间剖开，去籽，根据料头规格分别切成各种形状即可。

10. 西红柿

【品质鉴选】西红柿又名番茄，原产南美洲，外形有苹果形、长果形、樱桃形等多种，成熟后颜色鲜红，果肉软而多汁，酸带微甜，含丰富的维生素。供应期为 11 月至翌年 3 月，挑选时以果形周正，无裂口、无虫咬，成熟适度，酸甜适口，肉肥厚，心室小者为佳。成熟适度的番茄不仅口味好，且营养价值高。据营养学家测定：每天食用 50 ~ 100 克鲜番茄，即可满足人体对几种维生素和矿物质的需要。番茄内的苹果酸和柠檬酸等有机酸有增加胃液酸度、帮助消化、调整胃肠功能的作用。番茄还能降低人体胆固醇的含量，对高血脂症很有益处。番茄富含维生素 A、维生素 C、维生素 B_1、维生素 B_2、胡萝卜素，以及钙、磷、钾、镁、铁、锌、铜、碘等多种微量元素，还含有蛋白质、糖类、有机酸、纤维素等。

【烹饪用途】常用于炒、煮、滚、焖、煲等烹调方法和制作调味汁、作盘饰，常见的菜式有"番茄炒鸡蛋""番茄滚肉片汤""番茄土豆煲猪骨""番茄煮鲍鱼"等。

【初加工方法】将西红柿去蒂，用开水烫皮后再根据烹饪用途进行初加工。

11. 荔枝

【品质鉴选】荔枝是岭南特有的珍贵水果，始于秦汉，盛于唐宋，至今已有两三千年的历史。荔枝是无患子科常绿果树的果实，心形或椭圆形，果皮具有多次鳞斑状凸起，颜色鲜红、紫红或青绿色，果肉新鲜时呈半透明的凝脂状，细嫩多汁，味甜清香，生食口感特别爽甜。

【烹饪用途】常用于炒、榨汁和制作甜品，常见的菜式有"荔枝炒虾球""荔枝炒鱼球""椰汁鲜荔枝羹"等。

【初加工方法】将荔枝去外壳、去核，用淡盐水浸泡即可。

12. 西瓜

【品质鉴选】西瓜又名伏瓜、夏瓜，坚实、匀称，表皮色泽暗淡。以每年 4 月至 9 月出产者品质为优。若西瓜成熟时用手指关节轻敲表皮时，会发出重浊的响声。西瓜具有消烦止渴、解暑热、解酒毒、利尿之功效，对夏令中暑烦闷口渴、尿少发黄等症有治疗作用。

【烹饪用途】常用于榨汁制饮料、制作果盘、制作西瓜灯、制作沙拉菜品等。

【初加工方法】洗净外表，用刀切开成件即可。

13. 草莓

【品质鉴选】草莓又名士多啤利，属一年生水果，以每年 3 月至 5 月出产者为佳，挑选时以坚实、亮泽，色泽大红者品质为优。由于草莓在清洗后会失去本味，且易变质，因而应在食用时才清洗。

【烹饪用途】常用于榨汁后调制调味汁、制作果盘、沙拉、制作果汁等。

【初加工方法】摘去叶，用清水洗净即可。

14. 菠萝

【品质鉴选】菠萝又名凤梨，是一年生水果，以每年 3 月至 7 月出产者为佳，挑选时以身重、微香、有光泽、绿叶者为优质。若可轻易将其茎从顶部摘下，即表明果肉已成熟。菠萝味香甜，有助于滋润、清热除燥。

【烹饪用途】常用于炒、焖、炸的菜式及作配料、制作果拼、冷盘等，常见的菜式有"紫萝鸭片""菠萝焖鸡""香菠生炒骨""菠萝焖草鸭"等。

【初加工方法】用刀切去头尾，削去表皮，撬出"钉"，去菠萝心，用清水洗净，再用淡盐水浸泡待用。

（1）用于炒：切"日"字形片，规格为长 4 厘米、宽 2 厘米、厚 0.4 厘米。

（2）用于焖：切"日"字形厚片，规格为长 4 厘米、宽 2 厘米、厚 0.6 厘米；或切斧头件。

15. 木瓜

【品质鉴选】木瓜又名木梨、万寿瓜、光皮木瓜，为落叶灌木或小乔木，果实如瓜，长椭圆形，长 10 ~ 35 厘米，果肉厚实、香气浓郁、甜美可口。木瓜的用途非常广泛，常用的除韧食品添加剂"松肉粉"或"嫩肉精"中，就含有木瓜中的乳状液汁——木瓜酵素，其效用是将肉类的结缔组织及蛋白质分化，使肉吃起来更鲜嫩适口。同时，木瓜是一种天然的抗氧化剂，能有效对抗破坏身体细胞、使人体加速衰老的游离基，常吃木瓜可美容、延缓衰老，所以木瓜又有"万寿果"的称号。木瓜独有的木瓜碱具有抗肿瘤功效，对淋巴性白血病细胞具有强烈的抗癌活性。木瓜还可助消化、消暑解渴、润肺止咳。

木瓜还有一个优食品种——夏威夷木瓜，由夏威夷引进，经过改良，该木瓜肉色鲜红、肉厚，比普通的木瓜甜，饮食业中常用于水果拼盘和制作菜肴。

【烹饪用途】常用于焖、扒、炖、煲、滚等烹调方法和制作果盘，常见的菜式有"万寿果炖雪蛤""木瓜海鲜船""木瓜煲鲫鱼"等。

【初加工方法】用刀切去木瓜头尾，削去外皮，剖开，去净瓜瓤及核后洗净，根据烹饪用途进行初加工即可。

（1）用于焖：宜选用半熟的木瓜，切成长 4 厘米、宽 2 厘米、厚 0.6 厘米厚片即可。

（2）用于炖：宜选用原只，将其平放，从头至尾平刀片去 1/3，挖去瓜瓤，成瓜盅（图 3-46）。

图 3-46　加工瓜盅

16. 杧果

【品质鉴选】杧果是一种原产印度的漆树科常绿大乔木，叶革质，互生；花小，杂性，黄色或淡黄色，成顶生的圆锥花序。核果大，压扁，长 5 ~ 10 厘米，宽 3 ~ 4.5 厘米，成熟时黄色，味甜，果核坚硬。杧果是著名的热带水果之一，其果实含有糖、蛋白质、粗纤维，杧果所含有的维生素 A 的前体胡萝卜素成分特别高，是所有水果中少见的。挑选时以外皮完好，光滑度适中，皮薄、果肉厚，核细小而薄，有香味者为佳。

【烹饪用途】常用于炒及制作香芒汁、沙拉、果盘或调制各式饮料，常见的菜式有"香芒海鲜船"等。

【初加工方法】用清水洗净杧果表皮，用小刀在杧果上贴着果实核将果肉连皮切下，再根据烹饪用途进行初加工。

17. 无花果

【品质鉴选】无花果原产于地中海和西南亚，为桑科无花果属，因花小，藏于花托内，又名隐花果，为多年生小乔木。叶互生，厚膜质，宽卵形或矩圆形，少有分裂，先端钝，基部心形，边缘波状或有粗齿。上面粗糙，下面生短毛，托叶三角形或卵形，早落。夏季开花，花单性，隐藏于倒卵形囊状的总花托内。果实为肉果，倒卵形，在盛夏熟，外面暗紫色，里面红紫色，质地柔软，味酸甜。挑选时以个头较大，果肉饱满，不开裂，紫红色者为成熟果实（图 3-47）。

【烹饪用途】花托可生食，味美，可制酒或作果干，主要用于西点调味和装饰。

图 3-47　无花果

【初加工方法】去蒂，洗净即可。

18. 鲜柠檬

【品质鉴选】鲜柠檬又称柠果、洋柠檬、益母果，现主产国为意大利、希腊、西班牙和美国，中国台湾、福建、广东、广西等省也有栽培。黄色有光泽，椭圆形或倒卵形，顶部有乳头状凸起，皮不易剥离，果实汁多肉脆，有浓郁的芳香气。柠檬是世界上有药用价值的水果之一，富含维生素 C、糖类、钙、磷、铁、维生素 B1、维生素 B2 和低量钠元素等，经常食用对人体健康十分有益。

【烹饪用途】因为味酸，故只能作为上等调味料，用于制作柠汁、烹饪调料——糖醋等多种调味汁。烹制有腥膻味的食品时，可将柠檬鲜片或柠檬汁在起锅前放入锅中，以去腥除腻。

小知识

柠檬的妙用

1. 柠檬含有烟酸和丰富的有机酸，其味极酸，柠檬汁有很强的杀菌作用，对食品卫生很有好处。试验表明，酸度极强的柠檬汁在 15 分钟内可将海贝壳内的所有细菌杀死。

2. 柠檬富有香气，能去除肉类、水产品类原料的腥膻之气，并能使肉质更加细嫩。柠檬还能促进人体蛋白分解酶的分泌，增加胃肠蠕动。

3. 柠檬汁中含有大量的柠檬酸盐，能抑制钙盐结晶，从而阻止肾结石的形成，甚至可将结石溶解掉。所以，食用柠檬能防治肾结石，使部分慢性肾结石患者的结石减少、变小。

4. 常吃柠檬可防治高血压和心肌梗死。柠檬酸有收缩、增固毛细血管，降低通透性，提高凝血功能及血小板数量的作用，可缩短凝血时间和出血时间 31% ~ 71%，具有止血作用。

5. 鲜柠檬的维生素含量极为丰富，是美容的天然佳品，能预防和消除皮肤色素沉着，具有美白作用。

6. 柠檬生食还具有良好的安胎止呕作用。

7. 柠檬还有除臭保鲜的作用，可清除冰箱或居室中的异味。

【初加工方法】将柠檬洗净后切片、切粒使用，或将柠檬从中间切开后榨汁使用。

19. 椰子

【品质鉴选】椰子是棕榈科椰子属植物的果实，原产于亚洲东南部、印度尼西亚至太平洋群岛，中国广东南部诸岛、雷州半岛、海南、台湾及云南南部热带地区均有栽培。椰子呈卵球状或近球形，果腔内含有胚乳（果肉或种仁）和汁液（椰子水）（图 3-48）。

图 3-48　椰子

椰子有老嫩之分，椰青是在椰子还没有完全成熟时采摘下来的嫩椰子，椰子壳是绿色的；而已经成熟的椰子表皮一般是黄色的。因为椰子的果实结构较复杂，一般不需要特别保鲜也能存放很长时间。挑选时以手感较重和水声清脆者为佳。

【烹饪用途】常用于煲、炖、炒等烹调方法和调制椰汁、制作布丁及甜品，常见的菜式有"椰子煲竹丝鸡""酥皮椰子炖燕窝"等。椰青可用来做甜品或制作菜肴，如"椰青马蹄鲜奶露""胜瓜炒椰青""椰青蒸肉蟹"等；而椰汁除了鲜喝，也是煲汤的好原料，其本身的清甜为汤水增色不少，如"椰青炖乌鸡""椰青炖翅""椰青炖雪蛤"等。

【初加工方法】在椰壳的顶部用小尖刀刺入并挖孔，倒出椰子水，将椰子锯成两半，用勺将椰肉挖出，再根据烹调用途将椰肉加工成丝、条、件、片等形状即可。

20. 哈密瓜

【品质鉴选】哈密瓜又称甜瓜、甘瓜、网纹瓜，主要产于新疆哈密，有"瓜中之王"的美称，其含糖量在 15% 左右。哈密瓜有 180 多个品种及类型，又有早熟夏瓜和晚熟冬瓜之分，以"红心脆""黄金龙"品质最佳，肉质分脆、酥、软，风味有醇香、清香和果香等。挑选时以瓜身坚实微软，成熟度适中，有香味者为佳。哈密瓜含蛋白质、膳食纤维、胡萝卜素、果胶、糖类、维生素 A、维生素 B、维生素 C 及磷、钠、钾等，果肉有利尿、清凉消暑、生津止渴、除烦热、防暑气等作用，可治发烧、中暑、口渴、尿路感染、口鼻生疮等症，是夏季解暑之佳品。

【烹饪用途】常用于炒、煲和制作沙拉、制馅、果盘等，常见的菜式有"蜜瓜炒驼峰片""吉列海鲜卷""蜜瓜杏仁煲猪腱"等。

【初加工方法】用刀刨净瓜皮，剖成两或三块，去净瓜瓤，根据烹饪用途再进行初加工，以切成片、件、条、粒等规格为多。

第六节　花菜类原料的选用及初加工方法

花菜类原料是以植物的花部器官为食用部分的蔬菜，其种类不多，常见的有西兰花、夜香花、剑花等。

1. 花菜

【品质鉴选】花菜又称花椰菜、菜花，全国各地均有栽种，以冬、春两季盛产。花菜叶片长卵圆形，前端稍尖，叶柄稍长；茎顶端形成白色肥大的花球，为原始的花轴和花蕾，整个呈半圆球状，质地细嫩清香，滋味鲜美，极易消化。挑选时以花球色泽洁白，肉厚而细嫩、坚实，花柱细，无病伤，不腐烂者为质优（图3-49）。

图3-49　花菜

【烹饪用途】常用于炒、烩、焖、拌等烹调方法，也可用于制作汤菜，有时也作菜肴的配色料、配形料，还可酱渍、酸渍或泡菜，常见的菜式有"凉拌花菜""花菜炒牛肉"等。

【初加工方法】摘去菜叶，洗净，用刀切成小朵即可。

2. 西兰花

【品质鉴选】西兰花又称青花菜、绿花菜、茎椰菜，属花菜类蔬菜，南北方均产，云南、广东、福建、北京、上海较常见。西兰花主茎顶端形成绿色或紫色的肥大花球，表面小花蕾松散，不及花椰菜紧密，花茎较长，其质地脆嫩清香、色泽深绿，风味较花椰菜更鲜美。挑选时以色泽深绿，质地脆嫩密实，叶球松散，无腐烂、无虫蛀者为质优（图3-50）。

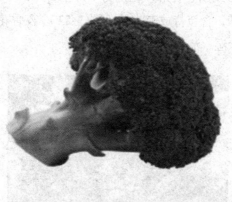

图3-50　西兰花

【烹饪用途】常用于炒、拌、白灼、烩、烧、扒等烹调方法，也可作菜肴的配色或围边点缀原料，是中西餐的主要原料，常见的菜式有"西兰花炒肾球""芝士焗西兰花"等。

【初加工方法】摘去菜叶，洗净，用刀切成小朵即可。

【注意事项】菜花中易生菜虫，常有残留的农药，加工前将菜花放在盐水中浸泡几分钟，可除去菜虫，还能减少残留农药。

3. 鲜霸王花

【品质鉴选】鲜霸王花又名剑花、霸王鞭、量天尺，是一种攀缘植物，有粗壮的肉质茎，可一节一节地攀缘而上。主要分布在广东、广西两地，广东省以广州、肇庆、佛山为主产区，供应期为每年的秋、冬两季，挑选时以含苞待放，花房呈青绿色，且形状饱满者为佳（图3-51）。霸王花有丰富的营养价值和药用价值，对治疗脑动脉硬化、肺结核、支气管炎、颈淋巴结核、腮腺炎、心血管疾病有明显疗效，还具有清热润肺、除痰止咳、滋补养颜之功效，是极佳的清补汤料。

【烹饪用途】常用于白灼、浸、煲、炖等烹调方法，常见的菜式有"白灼霸王花""上汤浸霸王花""霸王花煲猪展"等。

【初加工方法】去花托，将花朵洗净，根据花朵的大小用刀切开成4～6件即可。

图3-51　霸王花

4. 夜香花

【品质鉴选】夜香花为柳叶菜科植物红萼月见草的根，其茎直立，高1米左右，基部有红色长毛，花单生于枝端叶腋，排成疏穗状，花瓣4片，黄绿色，有清香气，夜间更甚，故有"夜来香"之称，倒卵形或倒心脏形，花期为7月至8月，多栽培于庭园中，以叶、花、果入馔，挑选时以花形饱满，含苞待放者为佳（图3-52）。夜香花有清肝、明目、去翳、拔毒生肌、强筋壮骨、祛风除湿、清热明目的功效。

图3-52 夜香花

【烹饪用途】常用于炖、滚、酿等烹调方法，常见的菜式有"夜香花滚花甲""八宝冬瓜盅"等。

【初加工方法】将夜香花花托连花心摘掉，洗净即可。

【注意事项】注意检查花瓣中有无花蜘虫，可用淡盐水泡浸，洗净。

5. 菊花

【品质鉴选】菊花是多年生菊科草本植物，栽培的食用菊花以白菊为主，有"早白"和"大白"两种，"早白"花瓣舌状，较薄，花色白中带微黄；"大白"花瓣舌状，卷曲重叠，形如蟹爪，花色白中带浅青，食用其花瓣，味香带微甜（图3-53）。我国中部、东部及西南地区广泛栽培，产于河南者称怀菊花，产于安徽者称滁菊花或亳菊花，产于浙江者称杭菊花，产于四川者称川菊花。挑选时以花瓣挺拔者为质优。菊花具有降血压、消除癌细胞、扩张冠状动脉和抑菌的作用，对治疗眼睛疲劳、视力模糊、风热感冒、头痛眩晕有很好的疗效。

图3-53 菊花

【烹饪用途】常用于烩、炖、炒类菜肴的配料，常见的菜式有"菊花鲈鱼羹""龙虎凤大烩"等。

【初加工方法】将花瓣摘下，用淡盐水洗净即可。

6. 黄花菜

【品质鉴选】黄花菜又名鲜金针、忘忧草、萱草花、健脑菜，是一种多年生草本植物的花蕾。挑选时以洁净、鲜嫩、不蔫、不干、花心尚未开放、无杂物者为质优（图3-54）。黄花菜味鲜质嫩，营养丰富，含有丰富的花粉、糖、蛋白质、维生素C、钙、脂肪、胡萝卜素、氨基酸等人体必需的营养成分，其所含的胡萝卜素甚至超过西红柿几倍。黄花菜有止血、消炎、清热、利湿、消食、明目、安神等功效，对吐血、大便带血、小便不通、失眠、乳汁不下等症也有疗效，还可作为病后或产后的调补品。黄花菜还能滋润皮肤，增强皮肤的韧性和弹性，使皮肤细嫩饱满。

图3-54　黄花菜

【烹饪用途】常用于浸、炒、灼、滚、扒等烹调方法，常见的菜式有"上汤浸黄花菜""蟹肉扒黄花菜""生灼黄花菜"等。

【初加工方法】摘去蒂，用清水洗净即可。

【注意事项】鲜黄花菜含有秋水仙碱，必须先焯水，并煮透后再食用，否则，会引起咽喉发干、呕吐、恶心等不适症状。

第七节　食用菌类原料的选用及初加工方法

食用菌类原料是以无毒菌类的子实体作为食用部分的蔬菜，常用的有杏鲍菇、鸡腿菇、白灵菇等。

1. 杏鲍菇

【品质鉴选】杏鲍菇别名刺芹侧耳，其子实体单生或群生，菌盖宽2～12厘米，初呈拱圆形，后逐渐平展，成熟时中央浅凹至漏斗形，表面有丝状光泽，平滑、干燥、细纤维状，幼时盖缘内卷，成熟后呈波浪状或深裂；菌肉白色，肥厚，质地脆嫩，有杏仁味；菌柄2～8厘米，偏心生或侧生，组织致密、结实、乳白，可全部食用，且比菌盖更脆滑、爽口。挑选时以色泽乳白光滑，肉质肥厚，七分成熟度，菌柄10厘米左右，直径3厘米左右者为质佳（图3-55）。杏鲍菇富含蛋白质、碳水化合物、维生素及钙、镁、铜、锌等矿物质，具有降血脂、降胆固醇、促进胃肠消化、增强机体免疫力、防止心血管病等功效。

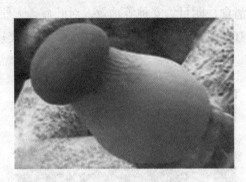

图 3-55　杏鲍菇

【烹饪用途】常用于炒、焗、扒、滚、煲等烹调方法，常见的菜式有"杏鲍菇炒桂鱼球""美极煎酿杏鲍菇""鲍汁扒杏鲍菇"等。

【初加工方法】用刀削净头部须根，洗净，按烹饪用途及菇体大小进行初加工即可。

2. 鸡腿菇

【品质鉴选】鸡腿菇因形如鸡腿，肉质肉味似鸡丝而得名，是近年来人工开发的具有商业潜力的珍稀菌种，被誉为"菌中新秀"，全国各地均有栽培。挑选时以菇体洁白，菌柄较粗者为质佳（图3-56）。鸡腿菇营养丰富，味道鲜美，口感极好，因而颇受消费者青睐。鸡腿菇含有丰富的蛋白质、脂肪、纤维素及钾、钠、钙、镁、磷、铜等微量元素，经常食用有助于增进食欲、增强人体免疫力，有益脾胃，清心安神，对治痔也有一定功效。

【烹饪用途】常用于炒、焖、焗、煲、滚等烹调方法，常见的菜式有"鸡腿菇兰豆炒鱼球""泰汁煎焗鸡腿菇"等。

【初加工方法】切去少许头部，用清水洗净即可。

图 3-56　鸡腿菇

3. 金针菇

【品质鉴选】金针菇学名毛柄金钱菌，俗称构菌，属伞菌目口蘑科金针菇属，是一种木材腐生菌，易生长在柳、榆、白杨树等阔叶树的枯树干及树桩上（图3-57）。金针菇以其菌盖滑嫩、柄脆、营养丰富、味美适口而著称于世。金针菇的氨基酸含量非常丰富，尤其是赖氨酸的含量特别高，赖氨酸可促进儿童智力发育，国外称为"增智菇"。金针菇还含有蛋白质、碳水化合物、纤维素，经常食用可防治溃疡病，是较好的保健食品。

图 3-57　金针菇

【烹饪用途】常用于浸、炒、扒、滚、烩、灼等烹调方法，常见的菜式有"翅汤浸金针菇""金针菇炒牛肉""腿汁扒金针菇""锅仔肥牛金针菇"等。

【初加工方法】切去少许头部，用清水洗净即可。

4. 白灵菇

【品质鉴选】白灵菇又名阿魏蘑、阿魏侧耳、阿魏菇，其肉质细嫩，菇体色泽洁白、味道鲜美。挑选时以菌盖完整、菇色洁白、菌肉坚实致密、菌盖直径7～15厘米者为佳（图3-58）。白灵菇营养丰富，据科学测定，其蛋白质含量占干菇的20%，含有17种氨基酸，多种维生素和无机盐。白灵菇还具有一定的医药价值，有消积、杀虫、镇咳、消炎和防治妇科肿瘤等功效，它含有的真菌多糖和多种矿物质，具有调节人体生理平衡、增强人体免疫功能的作用。

【烹饪用途】常用于炒、滚、扒、烩、焗等烹调方法，常见的菜式有"白灵菇炒双脆""双菌扒菜胆""灵菇灵芝煲鸡"等。

【初加工方法】切去少许头部，用清水洗净，根据烹饪用途及菇体的大小进行初加工即可。

图 3-58　白灵菇

5. 茶树菇

【品质鉴选】茶树菇又名柱状田头菇、杨树菇、茶薪菇，属真菌门，原是在江西广昌境内的高山密林地区茶树苑部生长的一种野生菌类，现经过优化改良的茶树菇，盖嫩柄脆，味纯清香，口感极佳，用于主菜、调味均佳，属高档食用菌类（图3-59）。挑选时以菇盖茶色、完整，菇柄适中者为佳。茶树菇是一种高蛋白、低脂肪，无污染、无药害，集营养、保健、治疗于一身的纯天然食用菌，它富含人体所需的天门冬氨酸、谷氨酸和十多种微量元素，其药用保健疗效高于其他食用菌，具有滋阴壮阳、美容保健之功效，对肾虚、尿频、水肿、风湿有独特疗效，对抗癌、降压、防衰、小儿低热、尿床有较理想的辅助治疗功能。

图3-59　茶树菇

【烹饪用途】常用于炒、煲、炖、焖、扒、焗等烹调方法，常见的菜式有"茶树菇炒牛柳""茶树菇煲（炖）鸡""金沙焗茶树菇""茶树菇焖田鸡"等。

【初加工方法】切去少许头部，用清水洗净即可。

6. 平菇

图3-60　平菇

【品质鉴选】平菇又称北风菌、蚝菌，在生物分类学中隶属于真菌门担子菌，是目前栽培广泛的食用菌。平菇含丰富的营养物质，且氨基酸种类齐全，矿物质含量也十分丰富。挑选时以结构完整，边缘整齐、不开裂者为佳（图3-60）。平菇性温味甘，具有追风散寒、舒筋活络的功效，可用于治腰腿疼痛、手足麻木、筋络不通等病症，能增强机体免疫功能，可减少人体血清胆固醇，对防治肝炎、胃溃疡、十二指肠溃疡、高血压等有明显的效果。

【烹饪用途】常用于滚、扒、焖、烩等烹调方法，常见的菜式有"肉片平菇汤""蚝油焖什菌""平菇焖滑鸡"等。

【初加工方法】切去少许头部，用清水洗净即可。

7. 鲜木耳

【品质鉴选】鲜木耳又名黑木耳、光木耳，子实体胶质，圆盘形，耳形不规则，直径3～12厘米。新鲜时软滑，干后成角质，风味特殊，是一种营养丰富的著名食用菌（图3-61）。挑选时以色鲜艳、肉厚、朵大者为质优。木耳含糖类、蛋白质、脂肪、氨基酸、维生素和矿物质，有益气、充饥、轻身强智、止血止痛、补血活血等功效。木耳富含多糖胶体，有良好的清滑作用，是矿山工人、纺织工人的重要保健食品，还具有一定的抗癌和治疗心血管疾病的功效。

图 3-61　木耳

【烹饪用途】常用于炒、焖、滚、烩等烹调方法，常见的菜式有"木耳炒肉片""木耳焖鸡""三鲜鱼片汤""三丝烩鱼肚"等。

【初加工方法】用剪刀剪去耳蒂，用清水洗净，根据烹饪用途进行初加工。

8. 鲜冬菇

【品质鉴选】鲜冬菇又名鲜香菇，是寄生在枫树上的菌类，采摘后经加工而成。鲜冬菇嫩滑香甜；干冬菇美味可口，香气四溢。挑选时以菇形圆整、菌肉肥厚、菌盖下卷、有菌香味者为佳（图3-62）。冬菇含有丰富的蛋白质和多种人体必需的微量元素。冬菇是防治感冒、降低胆固醇、防治肝硬化和具有抗癌作用的保健食品。

【烹饪用途】冬菇用途多样，荤素搭配均能成为佳肴，常用于蒸、炒、焖、酿、扒、滚、煲、炖、浸等烹调方法，常见的菜式有"冬菇蒸滑鸡""鲜冬菇炒鸡柳""百花

图 3-62　鲜冬菇

酿冬菇""鸡油扒冬菇""浓汤浸鲜冬菇"等。

【初加工方法】用剪刀剪去菇蒂，用清水洗净即可。

9. 鲜草菇

【品质鉴选】鲜草菇又名鲜菇、兰花菇、包脚菇，个头只有蜜枣大，顶部尖圆呈黑色，下部粗壮呈白色。由于出口量大，国际上称为"中国蘑菇"。挑选时以无破损、无霉烂，菇体弹性好，颜色自然者为佳。鲜草菇营养丰富，其蛋白质含量比一般蔬菜高好几倍，有"素中之荤"的美名（图 3-63）。鲜草菇是一种优良的食药兼用型食品，其含有一种异型蛋白，能抑制癌细胞生长，具有抗癌作用；其维生素 C 含量高，可促进人体新陈代谢，提高机体免疫力；具有解毒作用（如铅、砷中毒）；能减慢人体对碳水化合物的吸收，是糖尿病患者的良好食品。

图 3-63 鲜草菇

【烹饪用途】常用于炒、焖、扒、滚等烹调方法，常见的菜式有"蚝油扒鲜菇""鲜菇炒肉片""鲜菇焖滑鸡""鲜菇鱼片汤"等。

【初加工方法】用小刀削净菇底部的须筋，在底部剖"十"字刀纹，深度约 8 毫米，在顶部剖一刀，洗净即可（图 3-64）。

图 3-64 鲜草菇加工

10. 蘑菇

【品质鉴选】蘑菇又称白蘑菇、洋蘑菇、口蘑菇、蘑菰，由菌丝体和子实体两部分组成，菌丝体是营养器官，子实体是繁殖器官。蘑菇的子实体在成熟时很像一把撑开的小伞，由菌盖、菌柄、菌褶、菌环、假菌根等部分组成。挑选时以个体均匀、菌肉肥厚、菌伞直径 3 厘米左右、菌伞边沿完整紧密、菌柄短壮者为质优。蘑菇中含有人体很难消化的粗纤维、半粗纤维和木质素，可保持肠内水分，并吸收余下的胆固醇、糖分，将其排出体外，对预防便秘、肠癌、动脉硬化、糖尿病等都十分有利。

【烹饪用途】常用于焖、炒、滚等烹调方法，常见的菜式有"蘑菇焖鸡""鼎湖上素""三鲜锅仔浸蘑菇"等。

【初加工方法】用水洗净泥沙即可使用。

11. 鸡枞菌

【品质鉴选】鸡枞菌又称伞把菌、鸡肉丝菌、白蚁菇，属食用菌类蔬菜，江苏、福建、台湾、广东、云南、四川等地均有栽种。其子实体肉质，菌盖中央凸起，呈尖帽状或乳头状，深褐色，表面光滑或呈辐射状开裂，菌肉厚，白色菌盖中央生菌柄，粗细不等，其味鲜美，有脆、嫩、香、鲜的特点。挑选时以菌盖未开裂、菌肉厚实者为佳。

【烹饪用途】常用于炒、爆、烩、烧、煮等烹调方法，可与多种原料配用，也可做汤羹，还可干制或腌制，常见的菜式有"鸡枞菌浸牛肉丸""火腿炖鸡枞菌"等。

【初加工方法】去净根部杂质，洗净即可。

12. 松露

【品质鉴选】松露是一种蕈类的总称，为子囊菌门西洋松露科西洋松露属，大约有10 个不同的品种，通常是一年生的真菌，多数在阔叶树的根部着丝生长，一般生长在松树、栎树、橡树下。松露有黑松露和白松露之分，黑松露香气内敛，白松露香气张扬奔放。松露含有丰富的蛋白质、氨基酸等营养物质。挑选时以香味浓郁、质地较硬、纹理非常细密者为佳。

【烹饪用途】常用于炒、煎、炖、煲及制作汤菜，常见的菜式有"松露炖鸡""黑松露烩饭""鹅肝酿黑松露"等。

【初加工方法】用水洗净泥沙，根据烹饪用途加工成薄片或粒即可。

【注意事项】切松露时不能用刀，而使用一种专门的松露刨片器，刨出来的片可像纸一样薄（图 3-65）。

图 3-65　加工松露

小知识

关于食用菌

　　食用菌含有丰富的蛋白质和氨基酸，其含量是一般蔬菜和水果的几倍甚至几十倍。鲜蘑菇的蛋白质含量为 1.5% ～ 3.5%，是大白菜的 3 倍，萝卜的 6 倍，苹果的 17 倍，1 千克干蘑菇所含蛋白质相当于 2 千克瘦肉，3 千克鸡蛋或 12 千克牛奶所含的蛋白量。食用菌中赖氨酸的含量很丰富，并含有组成蛋白质的 18 种氨基酸和人体必需的 8 种微量元素。食用菌的脂肪含量很低，占干品重量的 0.2% ～ 3.6%，而其中 74% ～ 83% 是对人体健康有益的不饱和脂肪酸。食用菌中所含维生素 B_1、维生素 B_{12} 都高于肉类。食用菌中还富含磷、钾、钠、钙、铁、锌、镁、锰等多种矿物质元素及其他一些微量元素。银耳中含有较多的磷，有助于恢复和提高大脑功能；香菇、木耳含铁量较高；香菇的灰分元素中钾占 64%，是碱性食物中的高级食品，可中和肉类食品产生的酸。

第八节　豆类原料的选用及初加工方法

1. 荷兰豆

　　【品质鉴选】荷兰豆扁平而长，向腹部弯曲，深绿色，内有豆粒，质地爽脆，味甜带腥味，以冬季所产质量为佳，挑选时以色翠绿，清脆爽甜者为质优（图 3-66）。荷兰豆含丰富的铁及维生素，具有抗菌消炎、增强新陈代谢的功效。荷兰豆含有较为丰富的膳食纤维，经常食用可防治便秘，并有清肠作用。

【烹饪用途】多用于炒,常见的菜式有"荷芹炒腊味""兰豆炒猪颈肉"等。

【初加工方法】将荷兰豆荚边上的蒂络撕去,洗净即可。

图 3-66　荷兰豆

2. 青豆角

【品质鉴选】青豆角色泽青绿,呈线形,长而柔软,质地爽脆,带有点青闷味,以夏季出产者品质为佳,挑选时以色泽青绿、线条均匀、长而柔软者为质优(图 3-67)。青豆角含丰富的铁、钙及维生素,有助于牙齿、骨骼的发育,并有补血造血的功效。

图 3-67　青豆角

【烹饪用途】常用于炒、煎或作配料,常见的菜式有"青豆炒鸡柳""豆角粒菜脯煎蛋饼"等。

【初加工方法】摘去头尾,除去虫口部分,洗净,切成长 5 厘米的段或切成 1 厘米的粒即可。

3. 四季豆

【品质鉴选】四季豆又名菜豆、芸豆、肉豆，原产于南美洲热带地区。四季豆属软荚类菜豆，果皮肉质化，含纤维少，当豆荚长大后，果皮仍然柔软可食（图3-68）。因其富含蛋白质，常吃可滋五脏、补血、补肝、明目，能帮助肠胃吸收、润肠、助排便，有健脾补肾、清热、防脚气等功效。

【烹饪用途】常用于炒、焖、干煸等烹调方法，常见的菜式有"榄菜肉茸四季豆""四季豆焖肉排"等。

【初加工方法】用手摘去两端并撕去蒂络后洗净，根据烹饪用途进行初加工即可。用于炒的可切成1厘米的粒状；用于焖、干煸的可切成长5厘米的段。

【注意事项】四季豆含有大量皂苷和血球凝集素，食用未熟透的四季豆会造成食物中毒。因此，四季豆要加热至熟透（100℃以上），其毒素才会被破坏。

图3-68　四季豆

4. 蜜豆

【品质鉴选】蜜豆又名甜蜜豆、甜荷兰豆，属于豆科豌豆，是一年生攀缘草本植物。蜜豆结荚饱满，颜色青绿，外形美观，嫩荚可食用，且营养丰富、食味甜脆爽口（图3-69）。蜜豆分大荚种和小荚种，盛产期为11月至翌年3月。蜜豆的豆荚及豆粒都十分甜美且脆，挑选时以豆荚嫩绿饱满，表面光洁无虫痕、无斑点，鲜嫩不萎缩，折断无老筋者为上品，豆粒越饱满越甜。蜜豆富含维生素A、维生素C、维生素B_1、维生素B_2、维生素B_3（烟碱酸）及钾、钠、磷、钙等元素，并含有丰富的蛋白质，而热量却比其他豆类相对较低，所以是一种可美容瘦身的食材。蜜豆的蛋白质能修补肌肤、调节生理状态、促进乳汁分泌、降低血液中的胆固醇，对心血管的健康很有帮助。

图 3-69 蜜豆

【烹饪用途】常用于炒、干煸和作配料，常见的菜式有"蜜豆炒花枝片""蜜豆生鱼球"等。

【初加工方法】摘去蜜豆两端，洗净即可。

5. 鲜莲

【品质鉴选】鲜莲又称莲子、莲实、莲米、莲肉，是睡莲科水生草本植物莲的种子。鲜莲椭圆形，表皮青绿色，肉质清爽可口，挑选时以颗粒饱满、肉厚者质佳（图 3-70）。我国大部分地区均有出产，以江西广昌、福建建宁所产最佳，以每年 6 月至 9 月采集的品质为佳。莲子的营养十分丰富，除含有大量淀粉外，还含有 β-谷甾醇、生物碱和丰富的钙、磷、铁等矿物质及维生素。莲子具有清心醒脾、养心安神、明目、补中养神、止泻固精、益肾涩精止带、滋补元气的功效。

【烹饪用途】常用于炒、煲、滚和作甜品的配料，常见的菜式有"鲜莲百合炒虾球""无花果鲜莲炖水鸭"等。

图 3-70 鲜莲

【初加工方法】从鲜莲蓬中取出莲子，去硬壳，放入沸水中滚过后，用竹签从其顶部插入，推出莲心，然后用清水浸泡备用。

小知识

鲜莲子的效用

（1）防癌抗癌：莲子善补五脏不足，通利十二经脉气血，使气血畅而不腐，莲子所含氧化黄心树宁碱对鼻咽癌有抑制作用，从而使莲子具有防癌抗癌的营养保健功能。

（2）降血压：莲子所含非结晶形生物碱N-9有降血压的作用。

（3）强心安神：莲子心所含生物碱具有显著的强心作用，还具有较强的抗钙及抗心律不齐作用。

（4）滋养补虚、止遗涩精：莲子中所含的棉子糖是老少皆宜的滋补品，对久病、产后或老年体虚者更是常用的营养佳品；莲子碱有平抑性欲的作用，对于青年人梦多、遗精频繁或滑精者，服食莲子有良好的止遗涩精作用。

（5）清心、祛斑：带心莲子能清心火，祛除雀斑。

思考与练习

1. 简述菜心、生菜、芥菜的初加工方法。

2. 参观蔬菜市场，看看还有哪些你不知道的叶菜类蔬菜。

3. 怎样挑选洋葱？举例说明洋葱在饮食业中的应用。

4. 请说出土豆、莲藕、茄子原料去皮后表面变色的原因及解决方法。

5. 挑选优质芋头有什么技巧？

6. 通过蔬菜市场调查，谈谈自己对瓜类、水果类原料的认识。

7. 通过水果市场调查，请选择一种瓜果原料，讲述该原料的特征、营养功效、烹饪用途以及不同用途的加工方法。

8. 怎样挑选西兰花？

9. 你还知道哪些花卉可用于烹饪？

10. 鲜蘑菇有哪些加工方法？在鲜蘑菇底部剞"十"字花刀的作用是什么？

11. 试写出3～5款用金针菇制作的菜肴名称。

12. 怎样挑选蜜豆？并举例说明蜜豆在饮食业中的应用。

13. 四季豆为何要加热至熟透才能食用？

第四章
水产品类原料及初加工技术

学习目标

1. 了解常见水产品类原料的名称、特征和分类
2. 认识常见水产品类原料的营养成分、食用价值和烹饪用途
3. 掌握常见水产品类原料的品质鉴选、储存方法和初加工方法

第一节　水产品类原料概述

　　水产品，泛指生活在水中的各类动植物。从烹饪原料角度来说，水产品通常是指能用于烹制和食用的各类咸淡水动植物，主要有鱼类、虾蟹类、贝类、其他水产品类和水产品制品等。我国疆域辽阔，水资源丰富，水产品种类繁多，产量巨大。水产品是我国人民日常生活重要的食物原料。

一、水产品类原料的主要营养成分

　　水产品是常用的烹饪原料，食用价值高，营养丰富，含有人体所必需的各种营养素，对人体的生长发育、健康生活都有重要意义。现代营养学研究表明，水产品含有丰富优质的蛋白质，含量一般在 10% ~ 20%；含维生素 A、维生素 B 族、维生素 C 和维生素 D；含矿物质 1% ~ 2%，有钠、钾、钙、磷、铁、锌、硒等；所含脂肪多在 5% 左右，主要含有多元不饱和脂肪酸（EPA、DHA），这是鱼类营养特征的代表；动物性水产品的糖类含量不高，植物性水产品的糖类含量则相对较高。

二、水产品类原料对人体的主要作用

　　（1）水产品不仅能提供人体必需的氨基酸，而且易于消化吸收。

（2）水产品是人体所需维生素的良好来源。

（3）水产品含有的矿物质比肉类食物丰富，对人体的生长发育和健康生活有重要作用。

（4）水产品所含脂肪主要是多元不饱和脂肪酸，对防治人体动脉硬化有重要意义。

三、水产品类原料的分类

我国出产的水产品有天然水产品，也有养殖水产品。由于种类繁多，形态各异，因此分类方法也多种多样。根据烹饪原料的应用习惯划分，通常有以下类型（图4-1）。

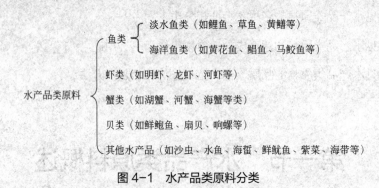

图 4-1　水产品类原料分类

第二节　鱼类原料的选用及初加工方法

一、鱼类原料介绍

1. 鱼类的形态与结构

（1）鱼类的外形

鱼类的外形有纺锤形、扁形、圆筒形、侧扁形，此外，还有带形鱼等。

1）纺锤形：又称梭形，鱼体呈流线型，多数鱼类属于这一种。

2）扁形：其形扁平，如比目鱼、多宝鱼等。

3）圆筒形：其鱼身细呈长圆筒状，如黄鳝、白鳝等。

4）侧扁形：其外形侧扁，如鲳鱼等。

5）带形：外形如带子，如带鱼等。

（2）鱼类的结构

鱼类的整体结构大致可分为头部、躯干部和尾部三个部分。鱼的器官有鱼鳍、鱼鳞、侧线、鱼鳃、鱼眼、鱼嘴、触须等。

鱼类可分为有鳞鱼和无鳞鱼，无鳞鱼的表皮一般带有较多黏液。

2. 鱼类的烹饪应用

在烹饪应用中，鱼类有很重要的地位和特点：

（1）作主料，可烹制成很多普通及中高档名贵菜肴。

（2）作配料，可与其他主料结合，配制成各种风味菜肴。

（3）作调味料，可制作鱼汁、鱼露等。

3. 常见鱼类

鱼类分淡水鱼和海洋鱼两大类。

（1）淡水鱼类

淡水鱼类主要有草鱼、青鱼、鲢鱼、鳙鱼、鲫鱼、鲮鱼、鲤鱼、罗非鱼、生鱼、鲥鱼、黄骨鱼、鲶鱼、鳜鱼、塘虱、乌鱼、泥鳅、黄鳝、龙利鱼、白鳝等。

（2）海洋鱼类

海洋鱼类主要有石斑鱼、鲳鱼、大黄鱼、小黄鱼、马鲛鱼、真鲷、鳓鱼、鲈鱼、苏眉、剥皮鱼、大地鱼、三文鱼、马友鱼、跳鱼、小鲨鱼、鳖鱼等。

二、鱼类原料初加工的基本要求与基本方法

1. 鱼类原料初加工的基本要求

鱼类因品种多、用途广、风味多样，其初加工的方法也多种多样。鱼类原料初加工的基本要求可归纳为以下几点：

（1）要根据鱼类原料的不同用途和特点，选择适宜的初加工方法

在烹饪应用中，有些鱼是用于原条蒸的，有些鱼是用于起肉分割切成鱼片、鱼球或其他形状的，有些是用于砍件的，有些是用于打制鱼胶的，不同的烹饪应用决定了鱼类原料不同的初加工方法，其去鳞、取内脏的方法也不尽相同。

（2）要清除污秽杂质，符合食品卫生安全要求

鱼类原料都有这样或那样的污秽杂质，有些甚至带有微毒杂质，尤其是个别鱼类的刺骨和鳍部，这些杂质对人体或多或少都有不良影响。因此，初加工时务必除清除尽，以达

到干净卫生、安全无害的食品卫生要求。

（3）要注意加工形态的标准要求

鱼类原料的烹制一般都有不同形态的要求，鱼类菜肴的形态整齐与美观很重要。因此，鱼类原料初加工时要注意其形态，如加工菊花鱼、松鼠鱼就有不同的标准和要求。

（4）要符合综合使用原料、节约成本的要求

很多鱼类原料全身都是宝，不仅鱼肉美味，鱼皮、鱼骨、头部、尾部等也都可以充分利用，做成不同风味特色的菜品，从而达到综合利用、提高使用率、节约成本的要求。

（5）要尽可能保存营养成分，提高食用价值

鱼类原料的营养价值都较高，初加工时要注意尽可能保存鱼的营养成分，减少营养素损失，提高和增加鱼类原料的食用价值。

2. 鱼类原料初加工的基本方法

鱼类原料初加工的基本方法通常有以下几个步骤：

（1）放血

有些鱼类原料（如生鱼）初加工时须先放血，其目的是使鱼肉质洁、无血污、无腥味。放血的基本方法是左手将鱼按在砧板上，令鱼腹向上，右手执刀，在鱼鳃处下刀，切断鳃根，随即放入盆内，让鱼挣扎，使血流尽。

（2）去鳞

去鳞是将鱼类原料表皮的鱼鳞打刮清净，通常是用鱼鳞刨或刀背从鱼的尾部向头部方向刨刮，将鱼鳞打干净，但要注意刮鱼鳞时不要弄破鱼皮。无鳞鱼不用刮鳞，有些鱼原料（如鲤鱼的某些品种）也不一定要刮鳞。

（3）去鳃

多数鱼类原料的鱼鳃都属污秽物，腥脏味异，必须挖除。去鳃时可用刀尖、剪刀、筷子或竹枝等清挖，也可用手挖除。

（4）取内脏

鱼类原料取内脏的方法一般有三种：

1）开腹取脏法：在鱼的胸鳍与肛门之间直切一刀，切开腹部取出内脏，刮净黑衣膜。这种方法使用较广，尤其是淡水鱼类。

2）开背取脏法：沿着鱼的背鳍线下刀，切开鱼背，取出内脏及鱼鳃。这种方法一般适用于原条蒸的生鱼，或用于一些需剔出鱼骨取净肉的鱼类。

3）夹鳃取脏法：在鱼的肛门前1厘米处横切一刀，然后将粗筷子或长钳从鱼鳃盖处插入，夹住鱼鳃缠拧，在拧出鱼鳃的同时可把内脏取出。这种方法一般用于较名贵的鱼类，

如石斑鱼、鳜鱼、鲈鱼等。

（5）洗涤整理

经上述步骤加工的鱼类，需要用水冲洗干净，并略作整理，待用。

三、鱼类原料的选用及初加工方法

1. 淡水鱼类的选用及初加工方法

（1）草鱼

【品质鉴选】草鱼又称鲩鱼、草鲩等，全国各地均有出产，是我国主要的淡水养殖鱼，一年四季皆产。草鱼体略呈长圆筒形，头稍扁平，尾部侧扁，背部青灰，腹部灰白，胸、腹鳍均带黄色边，无须，背鳍无硬刺。选用草鱼时以鱼体健康完整，肉质肥嫩，冬季所产者为佳（图4-2）。草鱼富含蛋白质及钙、磷、铁等矿物质。中医认为，草鱼有暖胃和中、平肝祛风之功效。

图4-2 草鱼

【烹饪用途】草鱼可整条或起肉用，烹制方法较多，有蒸、炸、焖、炒、泡、滚等，常见的菜式有"清蒸草鱼""吉列炸鱼块""西湖菊花鱼""鲜笋炒鱼片""煎滚鱼头汤"等。

【初加工方法】烹饪用途不同，其初加工方法也不同。

1）用于原条蒸、焖：用开腹取脏法，去鳞、去鳃，切开腹部，取出内脏，刮净黑衣膜，在鱼背脊平拉一刀，洗净即可；用于焖的，斩成块或件即可。

2）用于起肉切片改球：用开腹取脏法，去鳞、去鳃，切开腹部，取出内脏，在鱼身肛门靠尾部落刀，紧贴脊骨，起出一边鱼肉，再起另一边鱼肉。

3）用于起松子鱼：去鳞、去鳃，切开腹部，取出内脏，刮净黑衣膜，在头身交界处落刀切下鱼头，在刀口处落刀，平刀紧贴脊骨，从头至尾片出一边鱼肉（带鱼尾），用同样的方法起出另一边鱼肉，去掉腩骨，洗净即可。

（2）青鱼

【品质鉴选】青鱼又称青鲩、黑鲩，产于我国各大水系，以长江以南水系产量最多，夏季所产较佳。青鱼体略呈圆筒形，尾侧扁，腹圆，鳞大，近头部青黑，腹部灰白，无须，背鳍无硬刺。选用青鱼时以鱼体健康完整，肉质肥嫩者为质优（图4-3）。青鱼富含蛋白质，其钙、磷的含量在鱼类中是最高的品种之一。中医认为，青鱼有补中安肾、平肝滋阴之功效。

图4-3　青鱼

【烹饪用途】青鱼可整条或起肉用，烹制方法也较多，有蒸、炸、焖、炒、泡、滚等，常见的菜式有"清蒸青鱼""西湖松子鱼"等。

【初加工方法】初加工方法与草鱼加工相同。

（3）鳙鱼

【品质鉴选】鳙鱼又称大头鱼、胖头鱼，是我国四大淡水养殖鱼之一，生长快，四季均产。鳙鱼的鱼头很大，约占鱼体长度的1/3。吻宽口大，身略扁，鳞幼细，体侧及背暗黑色，腹部银灰色。选用鳙鱼时以鱼体健康，鳞片有光泽，形态完整，冬季所产者为质优（图4-4）。鳙鱼含有丰富的蛋白质及钙、磷、铁等矿物质。中医认为，鳙鱼有暖胃补肾、益脑强筋之功效。

图4-4　鳙鱼

【烹饪用途】鳙鱼可整条或起肉用，鱼头可单独成菜，鱼肉可制作鱼茸。常用于蒸、炸、焖、炒、泡、滚等烹调方法，常见的菜式有"猪脑蒸鱼云""红烧鳙鱼头""冲菜蒸鳙鱼头"等。

【初加工方法】烹饪用途不同，其初加工方法也不同。

1）用于原条炸、焖：用开腹取脏法，去鳞，切开腹部，取出内脏，刮净黑衣膜，洗净即可；用于焖的则斩件成块即可。

2）用于起肉，用于制鱼胶：去鳞、去鳃，在鱼身肛门靠尾部落刀，紧贴脊骨起出一边鱼肉，再起另一边鱼肉，洗净即可。

3）用鱼头单独成菜（蒸、滚等）：一般是将鱼头斩成块（约30克），洗净鳃根处的杂质即可。

（4）鲤鱼

【品质鉴选】鲤鱼又称龙鱼、拐子，各地均产，品种较多，著名的品种有黄河鲤和广东的文岜鲤（别名文庆鲤）等，四季皆产。鲤鱼体长，稍侧扁，腹部较圆，口下位，有须两对，鳞大而圆，背鳍、臀鳍均有带锯齿的硬刺，体背部灰黑，体侧金黄色，腹部偏白（图4-5）。烹饪中常用的有塘鲤鱼和河鲤鱼两种，塘鲤鱼以广东肇庆的文庆鲤质优，河鲤鱼以黄河鲤鱼质优。质优的鲤鱼眼睛凸起，鳞片有光泽，鳞片大而圆，整齐无脱落，排列紧密，体形直实，肉质有弹性。鲤鱼的蛋白质含量高且易于人体消化吸收，含维生素A和维生素D；鲤鱼的脂肪多为不饱和脂肪酸，能降低人体胆固醇，防治动脉硬化和冠心病。中医认为，鲤鱼的各部位均可入药治病，有安胎通乳、消肿利水、开胃健脾等功效。

图4-5　鲤鱼

【烹饪用途】常用于蒸、炸、焗、煀等烹制方法，常见的菜式有"姜葱煀鲤鱼""糖醋鲤鱼""清蒸鲤鱼"等。

【初加工方法】

1）用于原条煀：用开腹取脏法，先将鱼去鳞，再从鳃下至尾部肛门用平刀在鱼腹中间开肚取出内脏，刮净黑衣膜，挖除鱼鳃即可。

注意：鲤鱼宰好后要抽去鱼身两侧的白筋。在鳃盖与鱼身交界处浅浅地横切一刀，在尾鳍前轻切一刀，用刀身从鱼尾处往前轻拍，白筋就会显露，用镊子将其夹住，慢慢抽出，将鲤鱼洗净即可。

2）用于原条蒸：用开背取脏法，将刀尖插入鳃根放血，去鳞，在靠尾部下刀，紧贴脊骨片开鱼背，劈开鱼头，去鱼鳃和内脏，将鱼洗净即可。

（5）鲫鱼

【品质鉴选】鲫鱼又称鲫瓜子、刀子鱼，是我国产量较高的淡水鱼之一，以春秋两季肉质较肥美。鲫鱼身体侧扁而高，头小眼大，鳞大，体色银灰，无须，背鳍、臀鳍均有粗壮带齿的硬刺（图4-6）。挑选鲫鱼时以鳞片有光泽，整齐无脱落，排列紧密，体形直实，肉质有弹性者为质优。鲫鱼含有较高的蛋白质，易于人体消化吸收，且富含维生素 A 和维生素 B 以及矿物质。中医认为，鲫鱼有益气滋阴、利水除湿、开胃健脾等功效。

图4-6　鲫鱼

【烹饪用途】常用于蒸、滚、煲等烹调方法，常见的菜式有"糖醋鲫鱼""陈皮丝蒸鲫鱼"等。

【初加工方法】用开腹取脏法，先去鱼鳞，再从鳃下至尾部肛门用平刀在鱼腹中间开肚，取出内脏，刮净黑衣膜，去除鱼鳃，洗净即可。

（6）罗非鱼

【品质鉴选】罗非鱼又称非洲鲫、福寿鱼，原产于非洲，后引进我国，以两广地区所产较佳。罗非鱼体侧扁，椭圆形，体部鳞片较大，背部鳍棘发达，腹部鳍棘较小，体色暗棕褐色，背部较暗，腹部灰白。挑选罗非鱼时以鳞片有光泽，整齐无脱落，排列紧密，体形直实，肉质有弹性者为质优（图4-7）。罗非鱼含有较丰富的蛋白质、不饱和脂肪酸、维生素 A、维生素 B 及矿物质，适合各类人群食用。

【烹饪用途】常用于蒸、炸、焗等烹调方法，常见的菜式有"煎封罗非鱼""清蒸罗非鱼""红焖罗非鱼"等。

图4-7　罗非鱼

【初加工方法】用开腹取脏法，先去鱼鳞，再从鳃下至尾部肛门用平刀在鱼腹中间开肚取出内脏，刮净黑衣膜，去除鱼鳃，洗净即可。蒸罗非鱼的初加工如图4-8所示。用于原条蒸的与鲤鱼的初加工方法相同。

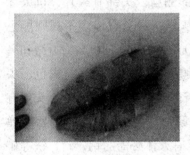

图4-8　加工罗非鱼

（7）鲮鱼

【品质鉴选】鲮鱼又称土鲮鱼、花鲮，以华南及西南等地较多产。鲮鱼身体侧扁，头短小，口小，鳞片中大，上部体色青灰，腹部银白，肉质细嫩，但骨刺较多（图4-9）。选用鲮鱼时以鱼体健康完整，鳞片光泽整齐，肉质肥嫩者为佳。鲮鱼富含蛋白质、钙、磷及维生素等。中医认为，鲮鱼有补中开胃、益气活血、祛水利湿之功效。

图4-9　鲮鱼

【烹饪用途】可整条用或用于起肉，起肉后可用于做鱼胶、鱼丸等，常用于蒸、炸、煲、焖、煎、炒等烹调方法，常见的菜式有"什锦鱼青丸""煎酿鲮鱼"等。

【初加工方法】

1）用于原条炸、煲：用开腹取脏法，去鱼鳞，切开腹部，取出内脏，刮净黑衣膜，洗净即可。

2）用于起肉制鱼胶：去鱼鳞、鱼鳃，在鱼身肛门靠尾部落刀，紧贴背骨，起出一边鱼肉，再起另一边鱼肉，洗净即可。

3）用于煎酿：去鱼鳞，切开腹部，取出内脏，刮净黑衣膜，用刀在鱼腹内部开口处上下分别划一刀（注意到皮即止），用手轻轻撕开鱼皮，使鱼肉与鱼皮分离，将鱼肉切离鱼体，鱼头、鱼皮、鱼尾连为一体，洗净即可。

图 4-10 生鱼

（8）生鱼

【品质鉴选】生鱼又称黑鱼、乌鳢，各地均产，以两广地区所产较佳。生鱼身长，前部圆筒形，后部侧扁，头部有鳞片，口大牙尖，眼小，身灰黑，身上有许多不规则黑色斑点（图4-10）。生鱼的品种可分为斑鳢和乌鳢等多种，斑鳢又称本地生鱼，黄褐色，头部有一"八"字纹，肉质较细嫩、味鲜，起肉率较高；乌鳢俗称外省生鱼，黑灰色，头部有星状斑纹，肉质较粗，腥味较大。选择生鱼时以鲜活生猛，鳞片均匀无脱落，肉质富有弹性者为佳。生鱼所含蛋白质较丰富，含有18种氨基酸，还含有人体必需的钙、磷、铁等矿物质和多种维生素。中医认为，生鱼有补心养阴、健脾养胃等功效，适宜身体虚弱、营养不良及贫血者食用。

【烹饪用途】常用于蒸、煮、煲、炸、炒、油泡、滚等烹调方法，常见的菜式有"豉油皇蒸生鱼""碧绿生鱼卷""香滑生鱼球""鲜笋生鱼片""西洋菜煲生鱼"等。

【初加工方法】生鱼的烹饪用途不同，其初加工方法也不同，但生鱼宰杀前都要先放血。

1）用于煲汤：一般用开腹取脏法，即去鳞、去鳃，切开腹部，取出内脏，刮净黑衣膜，斩成段，洗净即可。

2）用于原条蒸：一般用开背取脏法加工。操作方法是左手将生鱼按在砧板上，右手执刀，用刀尖从鳃盖处插入，切断鳃根，放进盆里，让生鱼流尽血水至死。用竹筷或小木棍从生鱼嘴里插入，使生鱼呈平直状态，然后刮净鱼身及头部的鳞，起出胸鳍和腹鳍，从背鳍下刀切开，紧贴脊骨将鱼肉切离，劈开鱼头，两端相连，再紧贴腩骨将鱼肉片出。两边切法相同，然后在尾鳍处切断脊骨并取出，再起出鱼鳃和内脏，冲洗干净，即成头、尾、胸相连的龙船形生鱼，如图 4-11 所示。

3）用于起肉：加工方法与草鲩的加工方法基本相同，主要区别是生鱼要起出腹鳍和背鳍。

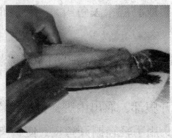

图 4-11 生鱼起肉加工

（9）鳜鱼

【品质鉴选】鳜鱼又称桂鱼、季花鱼、桂花鱼，是我国四大淡水名鱼之一，各地均产。鳜鱼身体侧扁，背部隆起，头尖长，口大，下颚凸出，色青黄，具不规则黑花斑点，鱼鳞幼细，背鳍一个，前硬后软，体色褐黄，腹部灰白（图4-12）。选择鳜鱼时以鲜活，鳞细口大，形体完整，皮厚肉紧，骨疏刺少，肉色洁白者为佳。鳜鱼富含人体必需的8种氨基酸，且含有较丰富的矿物质和维生素，是一种低脂肪、高蛋白质的优质水产品。中医认为，鳜鱼具有补养气血、健脾益胃等功效，适宜气血虚弱体质者食用。

图4-12　鳜鱼

【烹饪用途】常用于清蒸、炸、焖、炒、油泡等烹调方法，常见的菜式有"清蒸鳜鱼""碧绿鳜鱼卷""油泡鳜鱼球"等。

【初加工方法】烹饪用途不同，初加工方法也不同。

1）用于原条蒸：用夹鳃取脏法加工，先切断鳃根先放血，去鳞，在近肛门上方1厘米处横切一刀，切断肠头，然后用专用的粗筷或铁钳，从鳜鱼鳃盖处插入鱼腹，顺一个方向扭动，在拉出鱼鳃的同时可拧出内脏，冲洗干净即可。

2）用于起肉：用开腹取脏法，与草鱼的初加工方法基本相同。

（10）龙利鱼

【品质鉴选】龙利鱼又称鲲沙、挞沙，主要产于珠江口一带，以三水所产的金边龙利鱼为佳，粤西地区海河口也较多产。龙利鱼身扁宽，头尾尖，中间宽，两眼位于头部的左侧，背色带黄，底色稍白，鳞极细而粗糙，肉较厚，骨刺少（图4-13）。挑选龙利鱼时以鱼鳃鲜红，鱼鳞紧密，黏液较少且呈透明状，有正常鲜味者为质优。龙利鱼能提供人体优良的蛋白质，其脂肪含量不高，但富含不饱和脂肪

图4-13　龙利鱼

酸，易被人体吸收，可降低血中胆固醇，增强体质。中医认为，龙利鱼具有活血通络、祛风湿补虚弱的功效。

【烹饪用途】常用于清蒸、炒、泡、煎等烹调方法，常见的菜式有"豉汁蒸龙利""油泡龙利球""煎封龙利鱼"等。

【初加工方法】烹饪用途不同，初加工方法也不同。

1）用于原条：用开腹取脏法加工。

2）用于起肉：将宰杀干净的龙利鱼平放在砧板上，用刀在其背骨中央顺划一刀，然后顺刀划向两侧，分别片起出两条鱼肉；将鱼翻过来，用同样的方法再片起出两条鱼肉。一般每条龙利鱼可起出四条鱼肉。

（11）鲶鱼

【品质鉴选】鲶鱼又称土鲶，各地均产，以珠三角江河所产有名。鲶鱼身形延长，前部平扁，后部侧扁，口宽大，具须两对，眼小，体表无鳞带有黏液，呈灰黑色且有不规则斑块，臀鳍长，与尾鳍相连（图4-14）。质优的鲶鱼肉多刺少、质感肥美，体表黏液正常，均匀覆盖，且无损伤。鲶鱼脂肪含量较高，肥润鲜美，也富含蛋白质、矿物质和维生素。中医认为，鲶鱼有补中益阳、利小便、疗水肿等功效。

图4-14　鲶鱼

【烹饪用途】常用于清蒸、焖、炒、炸等烹调方法，常见的菜式有"蒜茸蒸鲶鱼""蒜子焖鲶鱼"等。

【初加工方法】烹饪用途不同，初加工方法也不同。

1）用于原条蒸：在鱼背头身交界处下刀，将鱼头劈开，去掉鱼鳃及内脏，然后在鱼背脊下刀，相隔2厘米均匀剞刀（鱼腹相连），洗净黏液即可。

2）用于起肉：用平刀从鱼尾部至头部紧贴脊骨将两面的鱼肉起出。加工时要注意去净鲶鱼的卵子和胸鳍硬刺，以防中毒或刺伤皮肤。

3）用于焖：在鱼背头身交界处下刀，将鱼头劈开，去掉鱼鳃及内脏，斩段（约重35克），洗净黏液即可。

（12）鲇鱼

【品质鉴选】鲇鱼（广东叫法）即长吻鮠，又称鮰鱼、肥沱、江团鱼（四川叫法），分布于全国各主要水系，以岷江的乐山江段、长江的重庆江段所产为佳。鲇鱼体延长，腹部圆，尾部侧扁，头较尖，吻部特别肥厚，须短且有4对，眼小、上侧位，被皮膜覆盖，背鳍后缘有锯齿，无鳞，背部略带灰色，腹部白色，肉鲜嫩、肥美、刺少，挑选时以鲜活、无污染、无伤痕者为佳（图4-15）。

图4-15　鲇鱼

【烹饪用途】适宜多种烹调方法，如清蒸、焖、炒、炸等，常见的菜式有"豉汁蒸鲇鱼""蒜子焖鲇鱼""红烧鲇鱼"等。

【初加工方法】烹饪用途不同，初加工方法也不同。

1）用于原条蒸：在鱼头身交界处下刀，将鱼头劈开，去掉鱼鳃和内脏，在鱼背脊下刀，相隔2厘米均匀剖刀，要切断脊骨，鱼腹相连，洗净黏液即可。

2）用于起肉：用平刀从鱼尾部至头部紧贴脊骨将两侧的鱼肉起出。

3）用于焖、红烧：在鱼头身交界处下刀，将鱼头劈开，去掉鱼鳃和内脏，斩块（重约30克），洗净黏液即可。

4）用于起鲇腩：在鱼头身交界处下刀，将鱼头劈开，去掉鱼鳃和内脏，沿着鱼腹两侧切出鲇鱼腩。

（13）笋壳鱼

【品质鉴选】笋壳鱼学名线纹尖塘鳢，主要分布在亚洲的东南亚诸国及澳洲大陆，我国最早从泰国和澳洲引进，主要进行池塘商业化饲养。笋壳鱼的体形略延长，粗壮，前段呈圆柱形，后部稍扁，头扁平、较大，体宽约为体长的1/3.5，嘴角下斜，与眼同宽，眼睛凸出，位于嘴唇上方，上颌两侧为齿带，下颚长于上颚，有一排小尖牙，身上的鳞片呈梳齿状，有四圈黑色斑纹，腹部的颜色较浅，体表的颜色会随着周围水质和环境而变化，肉质细嫩，味道鲜美，为名贵的淡水鱼品种（图4-16）。

图4-16　笋壳鱼

【烹饪用途】笋壳鱼适宜多种烹调方法，如清蒸、

图 4-17 塘鲺

焖、炒、红烧等，常见的菜式有"豉汁蒸笋壳鱼""蒜子焖笋壳鱼""红烧笋壳鱼"等。

【初加工方法】将鱼去鳞，再从鳃下至尾部肛门用平刀在鱼腹中间开肚，取出内脏，刮净黑衣膜，挖除鱼鳃，洗净即可。

（14）塘鲺

【品质鉴选】塘鲺又称胡子鲶、塘利鱼，以长江以南地区淡水中多产，为南方食用鱼类。塘鲺有本地塘鲺和埃及塘鲺两种，本地塘鲺肉质鲜美、结实，而埃及塘鲺则土腥味重，肉质松软。塘鲺身形长，头宽圆，胸鳍具一硬刺，背鳍和臀鳍均延长，平扁，体滑无鳞，有四对触须（图 4-17）。埃及塘鲺则体型较大。挑选塘鲺时以质感肥美，体表黏液正常、均匀覆盖，无损伤者为优。塘鲺的脂肪含量较高，肥润鲜美，富含蛋白质、矿物质和维生素。中医认为，塘鲺有补中益阳、健脾益胃等功效。

【烹饪用途】塘鲺适宜多种烹调方法，如清蒸、焖、煲、炒、油泡等，常见的菜式有"豉汁蒸塘鲺""油泡塘利球""一品塘鲺煲"等。

【初加工方法】烹饪用途不同，初加工方法也不同。

1）用于蒸：将塘鲺的鳃根斩断，取出内脏和头部的两团花状物，在鱼背脊下刀，相隔2厘米均匀剖刀，切断脊骨，鱼腹相连，洗净黏液即可。

2）用于起肉：将塘鲺的鳃根斩断，取出内脏和头部的两团花状物，洗净黏液，用平刀从鱼尾部至头部紧贴脊骨将两边的肉起出即可（图 4-18）。

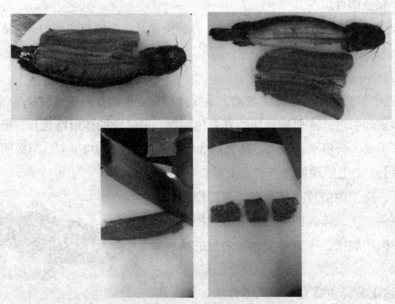

图 4-18 塘鲺起肉加工

3）用于焖：将塘鲺的鳃根斩断，取出内脏和头部的两团花状物，洗净黏液，再斩成块即可。

【注意事项】加工时要注意塘鲺的头部有两团花状物，俗称头花，不可食，须切除。

（15）黄鳝

【品质鉴选】黄鳝又称黄鳝鱼、长鱼等，我国除西北高原外各地水域均产。黄鳝体表光滑无鳞，体圆细长，尾尖细，头圆眼小，无胸鳍和腹鳍，背鳍臀鳍与尾鳍相连，体呈黄褐色，有不规则斑点，全身滑腻有黏液（图4-19）。挑选黄鳝时以鲜活，无伤痕，腹黄者为优，尤以冬春季所产质量最好。黄鳝的营养价值较高，属高蛋白、低脂肪鱼类。中医认为，黄鳝对人体有补气养血、滋补肝肾等作用。

图4-19　黄鳝

【烹饪用途】常用于炸、焗、炒、泡、焖等烹调方法，常见的菜式有"枝竹黄鳝煲""五彩黄鳝丝""豉汁黄鳝球""黄鳝粥"等。

【初加工方法】烹饪用途不同，初加工方法也不同。

1）用于原条焖、焗：用剪刀开肚，除去肠脏，斩去头部，斩成长3～4厘米的段，洗净黏液即可（图4-20）。

图4-20　黄鳝加工成段

2）用于起肉：一般将黄鳝头用叉插在砧板上，用刀沿着脊骨切开至尾部，然后在头部将鳝骨切断，将刀身平贴鳝肉，将鳝鱼脊骨片出，洗净黏液即可（图 4-21，传统上有二刀法和三刀法）。

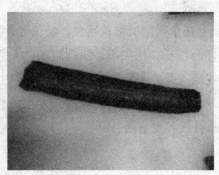

图 4-21　黄鳝起肉加工

【注意事项】黄鳝死后体内含较多有毒性的组胺，因此死黄鳝不宜食用。

（16）白鳝

【品质鉴选】白鳝又称鳗鱼、鳗鲡，属洄游性鱼类，主要产于长江、珠江、闽江流域及海南岛等江河湖泊，以冬春季出产最为肥美。白鳝身体细长，前部呈圆筒形，后部较侧扁，体背灰黑，腹部灰白，体表光滑带有黏液，鳞片细小，埋于皮下，背鳍和臀鳍延长与尾鳍相连，无腹鳍（图 4-22）。质好的白鳝身体圆长，质感结实，体色正常，体表无伤痕。白鳝富含蛋白质和矿物质，同时也含有较丰富的维生素。中医认为，白鳝的肉、骨、血、鳔都可入药，有滋补强壮、祛风杀虫等功效。

图 4-22　白鳝

【烹饪用途】常用于炸、煎、焗、蒸、炖、扒、炒等烹调方法，常见的菜式有"豉汁蟠龙鳝""串烧白鳝""吉列白鳝球"等。

【初加工方法】烹饪用途不同，初加工方法也不同。

1）用于焖：先将白鳝掷晕，在头后颈部斩一刀放血，待其死后，在肛门上方横切一刀，从鳃部拉出肠脏，用盐擦或热水烫的方法去除黏液，斩成段（重约 30 克）洗净即可。

2）用于原条蒸：先将白鳝掷晕，在头后颈部斩一刀放血，待其死后，在肛门上方横切一刀，从鳃部拉出肠脏，然后在鱼背脊下刀，相隔 1.5 厘米均匀剖刀（鳝腹相连，使其能盘卷），洗净黏液即可。

3）用于起肉：加工方法可参照黄鳝的起肉方法。

（17）鲟龙鱼

【品质鉴选】鲟龙鱼也称鲟鱼、鲟，是世界上少数生活在水中的活化石之一，也是所有鱼类中营养价值最高的鱼种，现已能进行人工养殖，为大型经济鱼类，沿海各地及南北各地水域均产。鲟龙鱼身狭长，有须，无鳍，背边腹部有甲，鼻长而尖，口近额下，体型较大，一般每条重 2 千克以上（图 4-23）。鲟龙鱼子颗粒大且饱满，色泽乌黑亮丽，富含 17 种氨基酸及多种微量元素，被誉为"黑色黄金"，用鲟龙鱼子制成的鱼子酱为美食珍品。长期食用鲟龙鱼对久治不愈的腰痛、胃病和脱发等均有显著疗效。

图 4-23　鲟龙鱼

【烹饪用途】常用于炒、蒸、焗、炖、煲、红烧等烹调方法，常见的菜式有"清蒸鲟龙鱼""川芎白芷煲鱼头汤""黄芪党参炖鲟鱼尾""鲟龙鱼肝""肠焗饭泰汁焗鲟骨""露笋炒鲟龙球"等。

【初加工方法】将鲟龙鱼按在砧板上，背部朝上，斩下鱼头，并迅速斩下鱼尾，随即用水管插入鱼喉部灌水，使鱼血随水从尾部流出，至血水变清，从尾部向颈部用平刀依次起出背部、脊部、腹部以及两侧的甲鳞，开腹取出内脏，刮净腹部黑衣膜，洗净即可。

1）用于焖：斩块（每块重约 35 克）即可。

2）用于刺身或鱼球时，需去除鱼皮。

（18）鲈鱼

【品质鉴选】鲈鱼又称花鲈、板鲈、青鲈等，分海水鲈与淡水鲈两种，品种较多，各地均产，为我国四大淡水名鱼之一，以上海松江鲈鱼较有名气。鲈鱼体长、侧扁，口大斜裂，鳞片幼细，体青灰色，有黑色斑点，肚呈白色，背厚肚小（图4-24）。质优的鲈鱼鱼鳞紧密，鳞片光泽，体态完整，肌肉有弹性，外表无伤痕。鲈鱼含有较多的不完全蛋白质和不饱和脂肪酸，还含有较丰富的矿物质和维生素，是人们比较喜爱的一种食用鱼类。中医认为，鲈鱼有益肺强筋、补肾安胎、止咳化痰等功效。

图4-24　鲈鱼

【烹饪用途】常用于清蒸、煲汁、红烧、炸、炒、焗、泡等烹调方法，常见的菜式有"清蒸鲈鱼""碧绿鲈鱼球""烧汁焗鲈鱼""白汁鲈鱼块"等。

【初加工方法】烹饪用途不同，初加工方法也不同。

1）用于原条蒸：可用夹鳃取脏法加工，方法同石斑鱼（图4-25）。

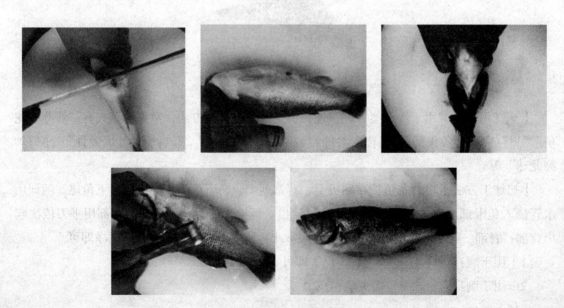

图4-25　鲈鱼加工

2）用于起肉：切断鳃根先放血，再去鳞、去鳃，持刀贴着鱼骨将两边鱼肉分别起出即可。

2. 海洋鱼类的选用及初加工方法

（1）石斑鱼

【品质鉴选】石斑鱼又称石樊鱼，主要产于我国沿海地区，尤以广东沿海（如湛江）等地多产。石斑鱼品种较多，常见的品种有老鼠斑、东星斑、红斑、青斑、黑斑（又称龙趸，体型巨大，皮色较深）等，通常身体呈椭圆形，侧稍扁，口大，牙细而尖，体被小栉鳞，背鳍和臀鳍棘发达，体色因品种不同而有多种，常呈褐色或红色，一般有条纹或斑点（图4-26）。优质的石斑鱼鱼皮有光泽，鱼鳞紧密，鱼腹肥大，肌肉有弹性，体态完整，无伤痕。石斑鱼的蛋白质含量高、脂肪少，还含有较多的矿物质和维生素，是深受人们喜爱的一种极具营养价值和食用价值的名贵食用鱼类。

图4-26　石斑鱼

【烹饪用途】常用于清蒸、煲汁、焖、炸、炒、泡等烹调方法，常见的菜式有"清蒸石斑鱼""麒麟石斑""碧绿石斑球""吉列石斑块""石斑肉煲汁"等。

【初加工方法】烹饪用途不同，初加工方法也不同。

1）原条蒸：石斑鱼属较名贵鱼类，为保持外形美观，可用夹鳃取脏法加工。方法是切断鳃根先放血，去鳞，再在肛门上方1厘米处横切一刀，切断肠，然后用专用的粗筷或铁钳，从石斑鱼鳃盖处插入鱼腹，顺一个方向拧动，在拉出鱼鳃的同时拧出内脏，洗净即可。

2）起肉用：用开腹取脏法，切断鳃根先放血，去鳞、去鳃，再持刀贴着鱼骨将两边的鱼肉分别起出即可。

（2）鲳鱼

【品质鉴选】鲳鱼又称白鲳、银鲳、镜鲳等，是较名贵的食用海洋鱼，我国沿海各地均产，以东海和南海较多。鲳鱼体侧扁而高，头小吻短，口小稍斜，体表鳞细且易脱落，银灰色，肉质细嫩味鲜（图4-27）。挑选鲳鱼时以鱼体无破损、无脱鳞、无污染，鲜活或新鲜者为质优。鲳鱼含蛋白质较高，也含较丰富的脂肪、矿物质和维生素。中医认为，鲳鱼有益气养血、补肺益肾等功效。

图4-27　鲳鱼

【烹饪用途】常用于煎、蒸、焖、炸等烹调方法，常见的菜式有"煎封鲳鱼""清蒸鲳鱼"等。

【初加工方法】将鲳鱼刮去幼鳞，挖除鱼鳃，在腹部划刀，挖出肠脏，洗净即可。如用于起肉，则将鲳鱼刮鳞挖鳃后，持刀贴着鱼骨将两边的鱼肉分别起出即可。

（3）马鲛鱼

【品质鉴选】马鲛鱼又称鲅鱼、蓝点马鲛，是我国沿海地区多产的经济食用鱼类。马鲛鱼体侧扁，尾鳍小，头尖口大，无鳞，背略青色，腹部白色，背鳍两个，第二背鳍和臀鳍后部有7～9个小鳍，尾鳍分叉（图4-28）。马鲛鱼的品质以外表有光泽，肉质紧实，刺少，新鲜，无伤痕破损者为佳。马鲛鱼含蛋白质较丰富，还含有较丰富的铁、钾等矿物质和维生素，较适宜体质虚弱、脾胃虚及营养不良的人群食用。

图4-28　马鲛鱼

【烹饪用途】常用于煎、炸、焖等烹调方法或起肉制鱼胶，做鱼丸、鱼榄等，常见的菜式有"煎封马鲛""锦绣鱼青丸"等。

【初加工方法】将马鲛鱼挖净鱼鳃，用开腹取脏法，将内脏挖除洗净即可。如用于起肉，则持刀贴着鱼骨将两边的鱼肉起出。

（4）马友鱼

【品质鉴选】马友鱼学名四指马鲅，民间俗称祭鱼、鲤后、午笋鱼等，粤西沿海较多产。马友鱼体延长，略侧扁，口大、下位，吻圆钝、上颌长于下颌，两颌牙细小并延伸至颌的外侧，体被大而薄的栉鳞，背部灰褐色，腹部乳白色，两个背鳍间隔较大，胸鳍位低，下方有4条丝状鳍条，其长度约与胸鳍鳍条相等，因而得名"四指马鲅"，尾鳍深叉形（图4-29）。马友鱼的品质以鱼体无破损，无脱鳞，无污染，鲜活或新鲜者为佳。马友鱼含蛋白质较高，且含较丰富的脂肪、矿物质和维生素，较适宜体质虚弱、营养不良的人群食用。

图 4-29　马友鱼

【烹饪用途】常用于煎、焖、炸等烹调方法，常见的菜式有"煎封马友鱼""红焖马友"等。

【初加工方法】将马友鱼刮去幼鳞，挖除鱼鳃，在腹部划刀，挖出肠脏，洗净即可。如用于起肉，则将马友鱼刮鳞挖鳃后，持刀贴着鱼骨将两边的鱼肉分别起出。

（5）大黄鱼

【品质鉴选】大黄鱼又称大黄花鱼、黄瓜鱼，为我国四大海产鱼类之一，是沿海各地主要经济食用鱼类。大黄鱼体侧扁，头大而尖凸，鱼嘴钝圆，尾柄细长，体呈黄褐色，腹部金黄色（图4-30）。质优的大黄鱼鱼鳞紧密，鳞片光泽，体态完整，肌肉有弹性，外表无伤痕。大黄鱼含有较多的蛋白质和不饱和脂肪酸，以及较丰富的矿物质和维生素，是人们比较喜爱的一种食用鱼类。中医认为，大黄鱼有益肺强筋、补气活血等功效。

图 4-30　大黄鱼

【烹饪用途】常用于清蒸、煲汁、红烧、炸、炒、煎等烹调方法，常见的菜式有"清蒸大黄鱼""碧绿黄鱼球""吉列黄鱼块"等。

【初加工方法】烹饪用途不同，初加工方法也不同。

1）原条蒸：用夹鳃取脏法加工即可，方法同石斑鱼。

2）起肉用：用开腹取脏法，切断鳃根先放血，去鳞、去鳃，再持刀贴着鱼骨将两边的鱼肉分别起出即可。

（6）大地鱼

【品质鉴选】大地鱼又称左口、偏口、方片鱼，是比目鱼的一类，我国沿海各地均产，为较名贵的海产鱼之一。大地鱼体较侧扁，两眼均在左侧一边，口大；左右对称，鱼鳞细小，背鳍和臀鳍基底均延长，但不连尾鳍（图4-31）。挑选大地鱼时以鱼鳃鲜红，鱼鳞紧密，外形完整，鲜味正常者为质优。大地鱼含有较高的完全蛋白质，其脂肪含量不高，但富含不饱和脂肪酸，易被人体吸收，可降低胆固醇，增强体质。中医认为，大地鱼具有补气养血、益胃和中的功效。

图4-31　大地鱼

【烹饪用途】常用于清蒸、炒、煎等烹调方法，常见的菜式有"清蒸大地鱼""油泡鱼球"等。

【初加工方法】烹饪用途不同，初加工方法也不同。

1）原条使用：用开腹取脏法加工即可。

2）用于起肉：将宰杀干净的大地鱼平放在砧板上，用刀在背骨中央顺划一刀，然后顺刀划向两侧，分别片起出两条鱼肉；将鱼翻过来，用同样的方法再片起出两条鱼肉，一般每条大地鱼可起出四条鱼肉。

（7）多宝鱼

【品质鉴选】多宝鱼学名大菱鲆鱼，又称欧洲比目鱼，是原产于欧洲沿海的名贵比目鱼类，现我国均有养殖，是具有较高食用价值和经济价值的养殖海产鱼。多宝鱼体侧扁平，近似卵圆形，双眼均位于左侧，有眼一侧（背面）呈青褐色，有点状黑色素及少量皮棘；无眼一侧（腹面）光滑呈白色，背鳍与臀鳍无硬体且较长（图4-32）。优质的多宝鱼鱼鳃鲜红，鱼鳞紧密，体表完好，肉质结实。多宝鱼含有较丰富的蛋白质和不饱和脂肪酸，易被人体吸收，且含有较多的矿物质和维生素。中医认为，多宝鱼具有补气养血、益胃和中的功效。

图 4-32　多宝鱼

【烹饪用途】多宝鱼肉质鲜嫩，常用于清蒸、炒、煎、焗、炸等烹调方法，常见的菜式有"清蒸多宝鱼""油泡鱼球""鲜笋炒多宝"等。

【初加工方法】烹饪用途不同，初加工方法也不同。

1）原条使用：将鱼拍晕，切断鳃根放血，刮净皮棘，用开腹取脏法取出内脏，洗净即可（图 4-33）。

2）用于起肉：将宰杀干净的多宝鱼平放在砧板上，用刀在背骨中央顺划一道，然后顺刀划向两侧，分别片起出两条鱼肉；将鱼翻过来用同样方法再片起出两条鱼肉。一般每条多宝鱼可起出四条鱼肉。

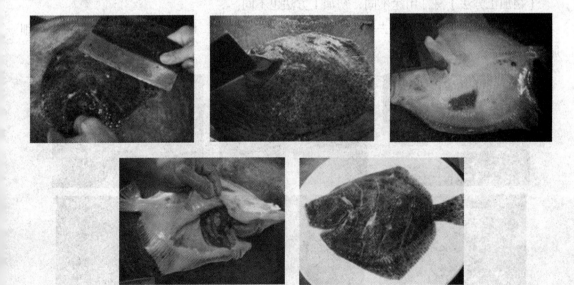

图 4-33　多宝鱼加工

（8）三文鱼

【品质鉴选】三文鱼又称鲑鱼，是世界著名的鱼类之一，主要分布在太平洋北部及欧洲、亚洲、美洲的北部地区，中国则在黑龙江、乌苏里江以及松花江上游一带有分布。鲑鱼以挪威的产量最大，名气也很大，但质量最好的三文鱼产自美国的阿拉斯加海域和英国的英格兰海域。鲑鱼体侧扁，背部隆起，齿尖锐，鳞片细小，银灰色，产卵期有橙色条纹（图4-34）。鲑鱼肉质紧密鲜美，肉色为粉红色并具有弹性。新鲜的挪威三文鱼肉为橙红色，且脂肪分布如大理石，鱼眼剔透，鳃呈鲜红色，挑选时以鱼肉色泽鲜明，肉质坚实，不含血迹或瘀痕，鱼皮光滑，不浑浊者为佳。三文鱼中含有丰富的不饱和脂肪酸，能有效降低血脂和胆固醇，防治心血管疾病，其所含的脂肪酸更是人体脑部、视网膜及神经系统必不可少的物质，有增强脑功能、防治老年痴呆和预防视力减退的功效。

图4-34　三文鱼

【烹饪用途】三文鱼鳞小刺少，肉色橙红，肉质细嫩鲜美，既可直接生食（刺身），也可用于焖、煎、炸等，常见的菜式有"萝卜焖三文鱼骨腩""三文鱼刺身"等。

【初加工方法】烹饪用途不同，初加工方法也不同。

1）用于起肉：将三文鱼去鳞、去鳃，起出两边的鱼肉，用镊子夹去鱼刺，即可进行细加工（图4-35）。

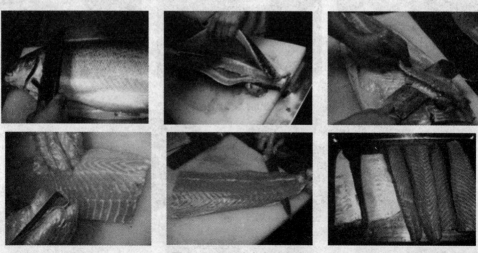

图4-35　三文鱼起肉加工

2）用于焖：将三文鱼去鳞、去鳃，斩成块（重约 35 克）即可。

【注意事项】三文鱼用于制作热菜时，其最佳成熟度为七成熟，这样的成熟度口感才软滑鲜嫩、香糯松散。

四、鱼类原料的品质鉴别与储存方法

1. 鱼类原料的品质鉴别

（1）活鱼

无论淡水鱼还是海水鱼，质量好的活鱼一般都活泼好动，游动自如，体表完好，对外界刺激反应敏锐；质量一般（或较差）的活鱼行动迟缓，容易翻背，体表欠完好或有破损。

（2）新鲜鱼

新鲜鱼的眼睛明亮，鳃色鲜红，鳃盖紧合，鳞片完整，体表完好，光泽正常，肌肉组织坚实并有弹性；反之，则是不太新鲜的鱼。

2. 鱼类原料的储存方法

（1）活养法

1）鱼池：要求干净、宽阔，鱼能自如游动。

2）水质：根据不同鱼类选用不同水质的水。淡水鱼类可用清水，但要注意不要让污物和油腻物混入；海水鱼类则需用海水（也可用清水加盐调配，但要注意咸度）。

3）水温：大多数鱼类适宜的水温为 20 ~ 30℃，如条件允许，鱼池可装配制冷设备，以免夏季天气炎热、水温过高。

4）供氧喷水：鱼池内必须有足够的氧气，所以鱼池的供氧设施必不可少。

（2）低温储存法

对于已经死亡的鱼类，为保持其新鲜状态，一般使用低温储存法。

1）冷冻法：将鱼在 –25℃的温度下快速冷冻后储存，储存期可达一年以上。

2）冷藏法：将鱼在 –4℃的温度下冷藏，一般适用短时间的保鲜。

小知识

怎样煎鱼才不会粘锅

煎鱼前，鱼要洗净沥干水分。将锅洗净、擦干后，用火烧至够热，倒入生油烧一会，再将热油倒回油盆，然后将鱼放入锅内煎制，待鱼皮煎至金黄色时翻转，再煎另一边，这样煎鱼才不会粘锅脱皮。

第三节　虾类原料的选用及初加工方法

一、虾类原料介绍

　　虾是一种高蛋白质、低脂肪、营养价值较全面、食用价值较高的水产品原料，烹饪应用中有"无虾不成宴"之说。根据虾的生活环境与特征，虾类原料通常分为淡水虾和海虾两大类（图4-36）。

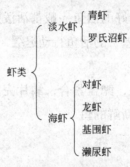

图4-36　虾的分类

二、虾类原料初加工的技术要求

　　（1）结合品种特点，合理选用初加工方法

　　虾类原料适用于很多种烹调方法，菜肴风味也丰富多彩。因此，在初加工时要注意根据烹调方法和成菜特点进行加工，以保证菜肴的质量。

　　（2）注意清洁卫生，保持食品营养卫生

　　虾类原料一般都含有较丰富的营养素，有较高的营养价值和食用价值，在初加工时要小心，尽量不要破坏或损坏原料的营养物质，保证食品的营养卫生和食品安全。

　　（3）要符合综合使用原料，节约成本要求

　　虾类全身都可食用，可做成不同风味特色的菜品，提高原料的使用效率。

三、虾类原料的选用及初加工方法

1. 淡水虾类的选用及初加工方法

　　（1）青虾

　　【品质鉴选】青虾又称河虾、草虾，我国各地均产。青虾两眼凸出，壳薄而透明，须长，爪多，有步足 5 对，其中第二对超过体长，尾三叉，头胸部较大，往后渐细小，体色多为青蓝色，有棕绿色斑纹（图 4-37）。选择青虾时以虾身自然弯曲，有弹性，肢体完整，虾壳光亮坚硬者为佳。青虾富含蛋白质、脂肪、矿物质和维生素。中医认为，青虾有补肾壮阳、缩泉固精、益气化瘀之功效。

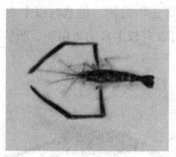

图 4-37　青虾

【烹饪用途】常用于白灼、蒸、炒、炸、焗、煎等烹调方法，常见的菜式有"白灼虾""脆炸直虾""滑蛋虾仁""美极虾碌""大良煎虾饼"等。

【初加工方法】烹饪用途不同，初加工方法也不同。

1）用于白灼：将原只虾洗净即可。

2）用于取肉：将虾放入冰箱冷藏 1 小时，取出，将虾头去掉，剥去虾壳和虾尾即可。

3）用于脆炸直虾：剥去虾头、虾爪、虾壳，留虾尾，挑去虾肠，在虾腹部中间剖一刀即可。

4）用于煎：剪去虾须、虾枪、虾爪，挑去虾头沙袋及虾肠，剪去三叉尾成虾碌，洗净即可。

5）用于蒸（剖开）：剪去虾枪、虾爪，将虾侧放，平刀从虾头开始片至尾部（留尾），

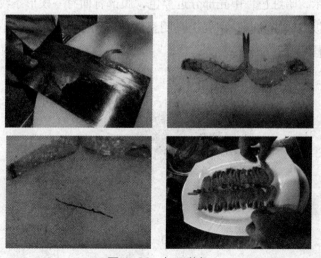

图 4-38　加工蒸虾

去除虾肠即可（图4-38）。

（2）罗氏沼虾

【品质鉴选】罗氏沼虾又称大头虾、淡水龙虾，各地均产。罗氏沼虾虾头特大，腹部起向后变小，长有一对粗长的大螯足，雄虾的螯足尤其粗长，体色多呈红黄色或青褐色（图4-39）。罗氏沼虾有"淡水虾王"之称。挑选时以个头大，体色青蓝光亮，肉质结实，虾身形状自然者为好。罗氏沼虾含有较丰富的蛋白质、脂肪、矿物质和维生素。中医认为，罗氏沼虾有温肾补阳之功效。

图4-39　罗氏沼虾

【烹饪用途】常用于白灼、蒸、炸等烹调方法，常见的菜式有"白灼罗氏虾""金银蒜蒸开边虾""吉列虾扇"等。

【初加工方法】同青虾的初加工。

（3）小龙虾

【品质鉴选】小龙虾又称克氏原螯虾、红螯虾和淡水小龙虾，形似虾而甲壳坚硬，成体长约5.6～11.9厘米，暗红色，甲壳部分近黑色，腹部背面有一楔形条纹。幼虾体为均匀的灰色，有时具黑色波纹，螯狭长，甲壳上具明显颗粒（图4-40）。挑选小龙虾时以壳鲜红干净，黄满肉肥者为佳。

图4-40　小龙虾

【烹饪用途】近年来，小龙虾因肉味鲜美广受人们的欢迎，常用于炒、煮、蒸等烹调方法，常见的菜式有"香辣小龙虾""十三香小龙虾"等。

【初加工方法】用牙刷上下左右刷净虾的外壳，剪去大半个头壳，并用剪刀在裸露出来的头连背部挑去胃囊，剪去鳃须即可。

2. 海虾类的选用及初加工方法

（1）对虾

【品质鉴选】对虾又称明虾、大虾，品种较多。根据上市的时间不同，对虾又有不同的叫法，夏末出产的为"新虾"，秋初出产的为"秋虾"，新虾和秋虾均身色白而只细、壳薄，肉不够结实；秋末出产的为"白虾"，身白带赤，个头不是很大，虾枪较短，但肉较结实，鲜味好；每年冬初至翌年春初所产的对虾为"黄脂"或"大肉"，"黄脂"为公虾，"大肉"为母虾，虾身青白而肥大，无钳，枪较软，虾头较大，肉厚结实，头部与背部均有膏，质量是广东省明虾中最佳的一种。对虾在我国各地均产，以烟台、青岛的对虾产量最大，广东湛江海域养殖产量较大。

对虾身呈弯弓状，头部长有枪刺，有钳，须长，腹前多爪，有三叉尾（图4-41）。在海水中活动时，虾体透明，故称明虾。对虾是我国产量最大的鲜虾品种，肉质爽、味鲜美。品质好的对虾形态完整，生猛的对虾活蹦乱跳。对虾含蛋白质高，且含有丰富的矿物质，如钙、磷、铁等，还含有多种维生素（含维生素A尤为丰富）和少量脂肪。中医认为，对虾有补肾壮阳、开胃化痰、通络止痛等食疗功效。

图4-41 对虾

【烹饪用途】常用于蒸、灼、炸、煎、焗、炒等烹调方法及制作刺身，常见的菜式有"白灼鲜虾""蒜茸蒸大虾""油泡虾球""脆炸直虾""滑蛋虾仁""吉列明虾球"等。

【初加工方法】对虾的初加工方法与青虾基本相同。

（2）龙虾

【品质鉴选】龙虾是虾类中体型最大的一种，因其形态威武，故称龙虾。龙虾的品种较多，常见的有中国龙虾、日本龙虾、澳洲锦绣龙虾等。龙虾主要产于热带至温带沿海，我国东海和南海均产，以广东海域的产量较多。

龙虾体大且重，外壳坚硬，长有较多刺，其中有两条长而带刺的触鞭和5对粗壮的脚，全身可分为头胸部和腹部，前部粗大，呈圆筒形，后部短小，背腹稍扁，虾尾常折于腹下（图4-42）。优质的龙虾壳体坚硬光亮，头身尾形态自然弯曲，弹性好，肢体完整，虾身结实。龙虾不仅富含蛋白质，所含维生素也较全面，还含适量的脂肪和矿物质。中医认为，龙虾有滋阴健胃、壮阳补肾等食疗功效。

图4-42　龙虾

【烹饪用途】龙虾是烹制高档菜肴的原料，常用于蒸、焗、炸、炒等烹调方法及制作刺身，常见的菜式有"蒜茸蒸龙虾""芝士焗龙虾""油泡龙虾球""三色龙虾""龙虾刺身"等。

【初加工方法】先用竹签由龙虾尾部插向头部，令龙虾排尿，然后扭断虾头，切断虾尾，洗净。

1）用于焗：将龙虾斩成大块（约重35克）即可（图4-43）。

2）用于刺身、油泡等：切开虾腹，取出龙虾肉，再根据需要进行加工即可。

图4-43　加工龙虾

（3）濑尿虾

【品质鉴选】濑尿虾学名虾蛄，又称琵琶虾、皮皮虾等，我国沿海各地均有出产，以广东粤西海域较盛产。濑尿虾身形较扁平，头部长有5对颚足，第二对特别大，形如螳螂的前足，身体及背腹均披有一节节薄而坚硬的甲壳（图4-44）。质优的濑尿虾壳硬，虾身结实有弹性，弯曲自然，头尾完整。濑尿虾肉质细嫩，味鲜美甜滑，尤以春夏之交（如4月）所产较肥腻鲜美。濑尿虾含蛋白质11.6%、脂肪1.7%和多种矿物质。

图4-44　濑尿虾

【烹饪用途】常用于灼、蒸、炒、炸等烹调方法，常见的菜式有"蒜茸蒸虾蛄""鲜笋炒虾蛄肉""盐焗濑尿虾"等。

【初加工方法】用于蒸、灼的原只洗净即可；用于炒的则将濑尿虾外壳剥去，去头尾取出虾蛄肉即可。

四、虾类原料的品质鉴别与储存方法

1. 虾类原料的品质鉴别

（1）活虾

活虾一般都好动，游动生猛，体表完好，反应敏锐。

（2）新鲜虾

新鲜虾应头尾完整，爪须齐全，有一定的弯曲度，虾身较挺，颜色自然发亮，肉质坚实且有弹性；反之，则是不太新鲜的虾。

2. 虾类原料的储存方法

虾类原料和鱼类原料一样，有生猛的，也有新鲜或冰冻的。因此，储存方法也可分为活养法和低温储存法两种。活养时要视品种和季节，调节好虾池的水温和比重，水要洁净，氧气要充足；冷冻冷藏鲜虾时要分层铺上冰块，也可用水盛放，但鲜虾要排放整齐。

第四节　蟹类原料的选用及初加工方法

一、蟹类原料介绍

蟹类多数生活在海洋中，但也有不少品种生活在淡水环境中。烹饪中常见的蟹类主要有以下品种：

（1）湖蟹

湖蟹又称河蟹、螃蟹、毛蟹、清水蟹，学名中华绒螯蟹。

（2）青蟹

青蟹又称潮蟹，品种和叫法较多，如海南和乐蟹、黄油蟹、重皮蟹、水蟹等，按性别又分肉蟹和膏蟹等。

（3）海蟹

海蟹又称红蟹、红花蟹、花蟹，学名三疣梭子蟹。

二、蟹类原料的初加工要求

蟹类原料通常是鲜活的，其宰杀加工的基本要求是：

（1）要熟悉蟹类原料的组织结构，除去不能食用的部位

蟹类原料的组织结构比较特殊，可食用与不能食用部位混杂，污垢、蟹胃、壳屑和杂质等不能食用，蟹鳃、蟹脚等不宜食用，因此在初加工时一定要分清并清除干净。

（2）根据蟹的菜式品种和用途加工

蟹类原料适用于多种烹调方法，菜式及风味也很丰富，因此要注意根据烹饪用途和成

菜特点进行初加工，才能保证菜肴的质量。

三、蟹类原料的选用及初加工方法

【品质鉴选】蟹的品种较多，选购质优的蟹，要以个体肥大，分量较重，肉质结实，脐部饱满，外壳色艳发亮，肢体完整，翻转快速者为佳。蟹类所含蛋白质较高，是一种完全蛋白质，其脂肪中含有较多的DHA（别称脑黄金），能防治高血压和动脉硬化，且含较丰富的维生素和矿物质。中医认为，蟹性寒，不能与柿子、梨、泥鳅、花生、茄子等同食。

【烹饪用途】常用于清蒸、焗、炒、炸、扒等烹调方法，常见的菜式有"清蒸膏蟹""姜葱炒蟹""咖喱面包蟹""蟹肉扒鲜菇"等。

【初加工方法】

1. 用于原只

（1）宰蟹时先将蟹背朝下放在砧板上，用刀尖从蟹的阄部（也有从眼部的）戳进，使蟹死亡；将蟹翻转，用刀身压住蟹爪，用手将蟹盖掀起，削去蟹盖弯边及刺尖；取出蟹膏或蟹黄（蟹卵）用小碗盛好；刮去蟹鳃及污物，切去蟹阄，取出内脏，洗净即可（图4-45）。

（2）原只蟹戳死后用刀刮净蟹身上的污物，将蟹身洗刷干净即可。

图4-45　加工原只螃蟹

2. 用于碎件

将宰净的蟹剁下蟹螯（蟹钳），斩成两节、拍裂，将蟹身切成两半，剁去爪尖，将蟹身斩成若干块，每块至少带一爪。用于蒸的膏蟹须将蟹盖修成小圆片，用于盛放蟹黄。

3. 拆蟹肉

将宰净的蟹蒸熟或用水滚熟，剥去蟹螯外壳，取出蟹肉；斩下蟹爪，用刀根将蟹钉撬出，顺肉纹将蟹肉剥出；用刀柄或圆棍碾压蟹爪，将爪内蟹肉挤出，挑净碎壳即可。

四、蟹类原料的饲养与储存方法

死蟹是不能食用的（海蟹刚死的可以吃），否则会引起食物中毒。因此，蟹类原料的储存方法只有活养，一般是将活蟹用竹织箩筐装好，箩筐面上用湿草席遮盖，每天分早、午、晚用清水在草席上喷洒三次，以保持箩筐内湿润。期间如发现蟹的行动迟缓（慢爪），则应立即处理；如已死亡的，即取出不用。民间认为养蟹忌烟灰和蚂蚁。

小知识

何为"食蟹要四除"

食蟹（尤其是大闸蟹）时，蟹上有四样东西带有很多细菌、污垢，不能食用，必须剔除：一是鳃，在蟹体两侧，形如眉毛，呈条状排列；二是胃，位于蟹骨前半部，紧连蟹黄，形如三角形小包；三是心，位于蟹黄和蟹油中间，紧连胃，呈六角形；四是肠，位于蟹脐中间，呈条状。

第五节　贝类原料的选用及初加工方法

一、贝类原料介绍

贝类原料是水产品中的软体动物，其风味特殊，也是我国餐饮业的重要食物原料。作为烹饪原料食用的贝类，主要分为腹足类、瓣鳃类和头足类三类。

1. 腹足类

腹足类大多数有单一的呈螺旋状的贝壳，如鲍鱼、响螺、东风螺、象拔蚌等。

2. 瓣鳃类

瓣鳃类一般具有两个贝壳，身体侧扁，如牡蛎、扇贝、江珧、蛏子等。

3. 头足类

头足类的身体分为头部、躯干部和漏斗三部分，贝壳有的为外壳，有的被外套膜包入形成内壳或退化，如章鱼、乌贼、枪乌贼等。

二、贝类原料的初加工要求

贝类原料一般带壳，属于水产品软体动物类，初加工有其特别的要求：

（1）要了解贝类原料的组织结构，除去不能食用的部位

贝类原料的组织结构比较特殊，多种多样，可食用与不能食用部位复杂，含有较多的寄生物、壳屑、黏液等，因此在初加工时一定要分清并清除干净。

（2）要根据烹调方法和成菜特点进行加工

贝类原料的品种较多，适用很多种烹调方法，菜肴风味也很丰富，因此要注意根据烹调方法和成菜特点进行初加工，以免影响菜肴的质量。

（3）要尽量保存原料的营养成分

贝类原料一般都含有较丰富的营养素，有较高的营养价值和食用价值，因此在初加工时要小心，尽量不要破坏或损坏原料的营养物质。

三、贝类原料的选用及初加工方法

1. 鲜鲍鱼

【品质鉴选】鲍鱼又称腹鱼、九孔螺、海耳等，产于我国沿海各地，以辽宁大连、广东湛江等地所产有名。鲜鲍鱼贝壳坚厚且呈圆耳形，壳边缘有 7 ~ 9 个小孔，贝壳呈绿褐色，壳内呈银白色，壳面密布纹状，壳口大（图4-46）。鲍鱼的品种较多，特征也有所不同。鲍鱼是名贵、高档的烹饪原料，干鲍鱼自古以来被视为"海八珍"之首，食用价值很高。质优的鲜鲍壳体完整坚硬，肉足软滑肥厚，质感结实，无杂质污染。鲍鱼营养丰富，富含蛋白质、脂肪、矿物质（如铁、镁、碘）及多种氨基酸，还含有鲍素等。中医认为，鲍鱼有滋阴清热、滋补肝肾、益精明目等食疗功效，较适合体质虚弱者食用。

图4-46　鲍鱼

【烹饪用途】鲍鱼的烹饪用途很广，用鲜鲍鱼能制作很多高档名贵菜肴，常用于蒸、炖、焗、煲、扒等烹调方法，常见的菜式有"蒜茸蒸鲜鲍""凤爪炖鲍鱼""一品鲜鲍煲"等。

【初加工方法】

（1）原只使用：先用清水洗净鲍鱼外壳，再用刷子将鲜鲍内外刷洗干净，去除内脏，如连壳一起用的，可用刀将肉大部分切离，留下一点与壳相连即可。

（2）起鲍鱼肉：用刀将刷洗干净的鲍鱼肉取出即可。

2. 响螺

【品质鉴选】响螺又称角螺、红螺，我国沿海各地均有出产。响螺外壳坚硬呈螺旋状，头部起角，顶尖，头大，身长，有厣，肉体婉转藏于壳内，肉爽鲜美，细嫩可口，是席上佳品（图4-47）。选用响螺时以个大、足块肥、肉结实、无破损者为质佳。响螺含有较丰富的蛋白质、矿物质（如钙、磷、铁）及维生素A、维生素B等。中医认为，响螺有清热解毒、明目安神的食疗功效。

图4-47　响螺

【烹饪用途】常用于炖汤、炒、泡、白灼等烹调方法，常见的菜式有"响螺炖鸡""油泡响螺球""白灼响螺片""明炉烧响螺"等。

【初加工方法】烹饪用途不同，初加工方法也不同。

（1）用于炒、泡、白灼的，取肉方法是手执螺底，用锤子敲破螺嘴外壳，取出螺肉，去掉螺厣，用盐水或枧水刷洗去黏物和黑衣，挤去螺肠，洗净即可。

（2）用于明炉烧的，则去掉螺厣，用刷子洗去黏物和黑衣即可。

3. 牡蛎

【品质鉴选】牡蛎又称蚝、鲜蚝、蛎、海蛎子等，我国沿海各地均产，以两广地区海域产量较大。牡蛎壳大而坚硬，壳形不规则，多呈长圆形或长卵形，壳表粗糙，壳面层层相叠，上壳覆于下壳上，闭合力强，壳色因种类不同而不同（图4-48）。牡蛎素有"海上牛奶"

之称，颇受广大食客欢迎。选用牡蛎时以大小均匀、壳体硬整、鲜活、无污染者为质佳。牡蛎所含各类营养成分较高，尤其是锌的含量较高，锌元素能促进儿童的智力发育。中医认为，牡蛎还具有滋阴养血、敛阴潜阳、止汗涩精等食疗功效。

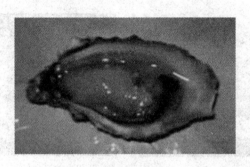

图 4-48　牡蛎

【烹饪用途】常用于蒸、炒、炸、滚、煲、灼、烤（炭烧）等烹调方法及制作刺身，常见的菜式有"蒜茸蒸生蚝""脆炸生蚝""白灼鲜蚝""铁板鲜蚝"等。

【初加工方法】用刀具撬开蚝壳，取出蚝肉，除去蚝头两旁韧带的壳屑，加入食盐搅拌，然后冲洗、去除其黏液，冲洗干净即可。

4. 象拔蚌

【品质鉴选】象拔蚌又称海笋、皇帝蚌，属软体动物门瓣鳃纲海笋科，是一种海产贝类，个体有大有小，栖息地因种类而异。通常其两扇壳一样大，薄且脆，前端有锯齿、副壳、水管（也称为触须）。水管很像一条肥大粗壮的肉管子，当它寻觅食物时便伸展出来，形状宛如象拔一般，故得名"象拔蚌"（图 4-49）。食用象拔蚌主要取其拔（水管），因拔肉色洁白、肉质细嫩、口感清鲜甜美，是名贵的滋阴海鲜品种之一。象拔蚌的出肉率较高，可达 60%～70%，其主要食用部位为水管肌，占总食用量的 30%～35%，每 100 克含热量81 千卡、蛋白质 14.4 克、脂肪 1.3 克，具有很高的营养价值。象拔蚌原产于美国和加拿大北太平洋沿海，现在中国东南部沿海也有养殖。象拔蚌雌雄异体，每年的繁殖季节一般在 4～7 月。象拔蚌有鲜活的，但大部分以冰鲜品为多。挑选象拔蚌时，以水管新鲜、肉多、结实者为好；用手轻轻一掰扇壳就裂开的，肯定是质量有问题的；如果是活的象拔蚌，用手轻轻触及蚌身时，蚌身会有明显的收缩。

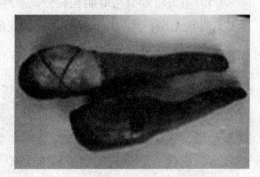

图 4-49　象拔蚌

【烹饪用途】常用于炒、油泡、酱爆、白灼、滚粥等烹调方法及制作刺身，常见的菜式有"兰豆鲜百合炒象拔蚌""XO酱爆象拔蚌""油泡象拔蚌"等。

【初加工方法】象拔蚌的加工过程如图4-50所示。

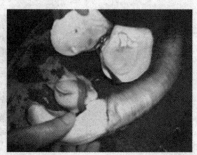

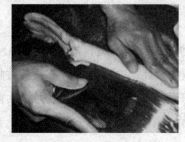

图4-50　加工象拔蚌

（1）将象拔蚌放在砧板上，用刀剔除两个蚌壳。剔壳时先用刀翘一边，另一边用手按住（为避免打滑，可以用一块湿毛巾按住）。

（2）剔壳时，刀要紧贴着蚌壳，以免将肉剔坏。

（3）蚌壳和肉分离后，用清水分别洗净。

（4）将锅中水烧至80℃左右时，放入蚌肉约10秒，略烫一下，然后迅速将蚌肉取出用冷水浸泡，从蚌身的底部往上将其外膜层撕掉。

（5）用刀将蚌身与蚌胆轻轻分离。蚌身外部可以用钢丝球轻轻擦掉污物，再用清水将象拔蚌冲洗干净，然后根据烹饪用途切成薄片或其他形状即可。

5. 蛏子

【品质鉴选】蛏子又称竹蛏、竹节螺，我国沿海各地均产。蛏子有相等的两个贝壳，呈长竹筒形，故称竹蛏，壳质脆而薄，壳面多呈黄绿色，有铜色斑纹（图4-51）。蛏子肉质细嫩，味鲜美，挑选时以鲜活、大小均匀、杂质少、无污染者为质佳。蛏子含蛋白质较多，也含一定量的矿物质和维生素。中医认为，蛏子有滋阴清热、消湿止痢等食疗功效。

图 4-51　蛏子

【烹饪用途】蛏子肉以蒜茸蒸、炒、泡、滚、灼等方法多见，常见的菜式有"蒜茸蒸蛏子""姜葱炒蛏子""白灼蛏子肉"等。

【初加工方法】将蛏子外壳洗刷干净（注意将已死的蛏子拣出），去净泥沙杂质，用清水洗干净。取蛏子肉时，将蛏子用沸水焯一下，剥去外壳，即可取出蛏子肉。

6. 扇贝

【品质鉴选】扇贝是扇贝属扇贝科部分贝类的通称，我国约有 30 余种，其中以栉孔扇贝最为常见，产于我国北部沿海，现为北方海区的主要养殖品，春、夏季均产。扇贝壳呈扇形，薄而轻，长 7 ~ 9 厘米，两壳大小几乎相等，左壳凸，右壳稍平，贝壳由壳顶向前后伸出前耳和后耳，前耳形状不同，后耳相同。壳表面颜色变化较大，由紫褐色至橙红色，左壳色深，右壳色浅（图 4-52）。两壳放射肋强大，左壳有主肋约 10 条，右壳有主肋约 20 条，主肋间有数条小放射肋。主肋自壳顶至壳缘逐渐加粗，并生有鳞片状凸起。扇贝雌雄异体，卵巢为鲜明的橘黄色，精巢为乳白色。闭壳肌大，外套膜边缘厚，有触手。挑选扇贝时以鲜活、大小均匀者为质佳。

图 4-52　扇贝

【烹饪用途】扇贝肉（闭壳肌）肉质嫩、味美，常用于蒸、炒、泡、滚、灼、炸等烹调方法，常见的菜式有"海鲜沙拉""蒜茸蒸元贝"等。扇贝的闭壳肌经干制后称为干贝。

【初加工方法】

（1）将扇贝壳的扁平面朝上，顺着该贝壳内壁，把刀插进贝壳内，撬开贝壳。

（2）找到位于贝壳张合关节处的贝肠，用刀把贝肠切下来，再把肠和系带一起撕下来。

（3）用刀把贝肉切下来，再用手撕除贝肉周围的薄膜和白而硬的贝肉，并用与海水浓度相近的盐水简单地洗一下贝肉。

（4）从系带上把肠和红色贝肉撕下来，再把系带放在冷水中冲洗一下即可。

7. 带子

【品质鉴选】带子又称江珧，其壳呈 V 形，较扁较薄，青绿色，我国沿海均有分布，盛产于春、夏季。带子的贝壳大，长可达 30 厘米，略呈三角形或扇形，壳薄，顶部尖细，背缘较直，腹缘渐凸出，后缘较大，壳有放射肋和生长纹（图 4-53）。壳面呈淡黄色或淡褐色，咬合部长，韧带发达，与背缘等长，足丝细软。带子为雌雄异体，成熟时雌性的生殖腺呈橘红色，雄性的生殖腺呈乳白色。挑选带子时以鲜活、大小均匀者为佳。

图 4-53　带子

【烹饪用途】带子肉质鲜嫩，鲜品常用于炒、汆、蒸、煮、灼等烹调方法，常见的菜式有"豉汁蒸带子""西芹夏果炒带子"等。

【初加工方法】带子的加工过程如图 4-54 所示。

（1）将带子壳的扁平面朝上，顺着该带子壳内壁，把餐刀插进带子壳内，撬开带子壳。

（2）找到位于贝壳张合关节处的带子肠，用刀把肠切下来，再把肠和系带一起撕下来。

（3）用刀把带子肉切下来，再用手撕除带子肉周围的薄膜和白而硬的肉，并用与海水浓度相近的盐水简单地洗一下。

（4）从系带上把肠和红色带子肉撕下来，再把系带放在冷水中冲洗一下，洗净泥沙杂质即可。

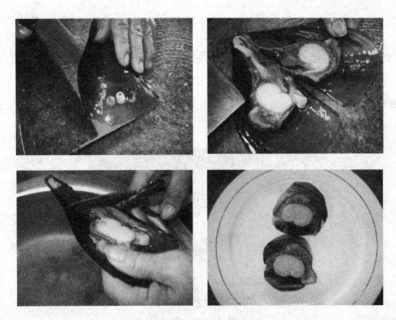

图 4-54　加工带子

8. 蛤蜊

【品质鉴选】蛤蜊的种类较多，有 10 余种，我国沿海均产。蛤蜊以四角蛤蜊最为常见，其贝壳厚，略呈四角形，壳顶凸出，壳上有壳皮，幼小个体多呈淡紫色，近腹缘为黄褐色，腹面边缘常有一条很窄的缘膜，生长线明显粗大，形成凹凸不平的同心环纹（图 4-55）。挑选蛤蜊时以鲜活、大小均匀、无污染者为质优。

图 4-55　蛤蜊

【烹饪用途】蛤蜊肉嫩味鲜，常用于氽、爆、蒸、炒、烧、炖等烹调方法，常见的菜式有"冬瓜蛤蜊汤""辣椒炒蛤蜊"等。

【初加工方法】洗刷干净蛤蜊（将已死的蛤蜊拣出）的外壳，再用清水洗干净即可。如取蛤蜊肉，将蛤蜊用沸水焯一下，剥去外壳，即可取出蛤蜊肉。

9. 青口

【品质鉴选】青口又称贻贝、海红、壳菜，我国约有 30 多种，常见的有 3 种，我国沿海均有分布，主产于渤海、黄海，春、秋两季盛产。青口的壳略呈长三角形，表面有细密的生长纹，被有黑褐色壳皮；壳内面白色带青紫，以足丝固着于浅海海底岩石上。挑选青口时以鲜活、大小均匀者为佳（图 4-56）。

图 4-56　青口

【烹饪用途】青口鲜品常用于炒、爆、烧、蒸、煮、灼等烹调方法，常见的菜式有"豉汁蒸青口""水煮青口"等。

【初加工方法】同蛤蜊的加工。

10. 文蛤

【品质鉴选】文蛤属瓣鳃纲帘蛤科文蛤属海产贝类，我国沿海均有分布，产于春、夏季，可人工养殖。文蛤的贝壳背缘略呈三角形，腹缘呈圆形，壳较厚，两壳大小相等。壳顶凸出，壳表凸起且光滑，被有一层黄褐色光滑似漆的壳皮。同心生长纹清晰，带有环形褐色带，壳面花纹变化较大（图 4-57）。文蛤没有明显的头部，口部周围有发达的唇瓣。足位于腹面，呈斧刃状。雌雄异体，性腺成熟时呈黄色。挑选文蛤时以鲜活、大小均匀、无污染者为佳。

图 4-57　文蛤

【烹饪用途】文蛤肉味鲜美，常用于氽、炒、爆、蒸、炖、煮等烹调方法，常见的菜式有"丝瓜文蛤汤""豉汁炒文蛤"等。

【初加工方法】将文蛤的外壳洗刷干净（注意将已死的文蛤拣出），再用清水洗净即可。如取文蛤肉，将文蛤用沸水焯一下，剥去外壳，即可取出文蛤肉。

11. 西施舌

【品质鉴选】西施舌是一种较名贵的贝类，又称车蛤、土匙、沙蛤，我国沿海均有分布，夏季盛产。西施舌的壳略呈三角形，较薄，壳顶凸起，壳缘圆。壳面生长纹呈同心环纹，细密而明显。壳表具有黄褐色发亮外皮，顶部为淡色，壳内面为淡紫色（图4-58）。因其足块大如舌，故名西施舌。挑选西施舌时以鲜活、大小均匀、无污染者为佳。

图4-58　西施舌

【烹饪用途】西施舌肉质细嫩鲜美，宜爆、炒、清蒸、煮，常见的菜式有"盐水煮西施舌""豉汁炒西施舌"等。

【初加工方法】将西施舌外壳洗刷干净，再用清水洗净即可。如取肉，将西施舌用沸水焯一下，剥去外壳，即可取出肉。

12. 河蚌

【品质鉴选】河蚌又名高娃、河歪，是淡水中的双壳软体贝类，我国的河流、湖泊、池塘中均有分布，夏季盛产。背角无齿蚌的特征为壳稍膨胀，近卵圆形，不具有咬合齿。壳表面黄褐色，有微细的环形轮脉。斧足发达，黄白色（图4-59）。挑选河蚌时以鲜活、大小均匀、无污染者为佳。

【烹饪用途】河蚌需去掉黄色的鳃和黑色的泥肠后才能烹制，且因其肉质较粗老，常用

图4-59　河蚌

于煲、炖、煮、烩等长时间加热的烹调方法。常见的菜式有"红豆煲河蚌""上汤浸河蚌"等。

【初加工方法】

（1）将河蚌壳的扁平面朝上，顺着河蚌壳内壁，把刀插进蚌壳内，撬开蚌壳，再用平刀法把蚌肉切下来。

（2）去掉蚌肉上黄色的鳃和黑色的泥肠，洗净即可。

13. 田螺

【品质鉴选】田螺的学名为中华圆田螺，小个的称为螺蛳，为田螺科田螺属腹足类软体动物，生长于湖泊、沼泽、河流、水田等处，主产于我国华北和黄河流域、长江流域，以夏季、秋季出产的田螺最肥美。田螺贝壳大，高6厘米，呈圆锥形，表面光滑或具纵向的细螺肋，螺旋部较短，螺层6～7层，体螺层膨胀，壳口边缘呈黑色（图4-60），故又称黑口圆田螺。田螺肉营养丰富，含蛋白质、脂肪、矿物质等多种成分，其中以钙、磷的含量为高。挑选田螺时以鲜活、大小均匀者为佳。

图4-60　田螺

【烹饪用途】田螺肉味一般，可整用也可取肉用，常用爆、炒、焖法成菜，常见的菜式有"卤水煮田螺""豉椒炒田螺"等。

【初加工方法】先将田螺用水养净，再去掉螺厣，洗刷干净外壳。原只使用的斩去螺尾即可；取肉用的则将田螺放入沸水中焯片刻取出，去掉螺厣，用竹签挑出螺肉，去掉螺尾，洗净即可。

四、贝类原料的饲养与储存方法

生猛的贝类能闭合贝壳，且闭合力较强；质优新鲜的贝类无腥臭味，肉质有弹性，光泽较好。活的贝类通常都可以用水活养，不同品种的活贝其活养方法略有不同，新鲜的贝类经剥肉（或宰净取肉）后可以冰冻冷藏。

> **小知识**
>
> 何为"九孔"
>
> 　　在祖国宝岛台湾，人们不仅喜食鲜鲍，而且常将鲜鲍称为"九孔"，这是因为鲜鲍口阔大无掩，体外有一个坚硬的石灰质贝壳，外壳由顶至腹部长有一列凸起的螺旋，在螺层末端，顺序排有 7～11 个孔，这些通孔正是鲍鱼呼吸和排泄的孔道，所以当地人常称鲍鱼为"九孔"。

第六节　其他水产品原料的选用及初加工方法

一、其他水产品原料介绍

1. 沙虫

　　沙虫又名沙蚕、海蚯蚓，学名为方格星虫，生长在海边沙滩。

2. 海蜇

　　海蜇又名水母、石镜、白皮子。

3. 水鱼

　　水鱼又称甲鱼、团鱼、王八、鳖、元鱼等。

二、其他水产品原料的选用及初加工方法

1. 沙虫

　　【品质鉴选】沙虫外形呈长筒形，状似蚯蚓，身软，全身里外都有沙子。体前端有圆触手，伸张时呈星状（图4-61）。质优的沙虫个大、肉嫩。沙虫的营养价值高，含有丰富的蛋白质和矿物质。中医认为，沙虫有滋阴降火、补肾治湿等食疗功效。

　　【烹饪用途】常用于炒、泡、蒸、灼、滚、炸等烹调方法及制作刺身，沙虫的干制品是珍贵的海味干货，常见的菜式有"蒜茸蒸沙虫""酥炸沙虫""胜瓜沙虫汤""沙虫刺

图 4-61　沙虫

身”等。

【初加工方法】将沙虫放于水盘中（先翻转沙虫身，像翻动物肠一样），顺着同一方向略搅，使沙粒下沉，取出沙虫即可。

2. 海蜇

【品质鉴选】海蜇个体分为两部分，即伞部和口腕部。伞部为上半部，呈半球形，俗称"海蜇皮"；口腕部为下半部，俗称"海蜇头"。挑选海蜇时以个大、肉厚脆嫩者为佳。海蜇的含水量高达 95% 以上，同时含有蛋白质、钙、镁、铁等矿物质和维生素 B。中医认为，海蜇有清热解毒、消滞去积、健脾润肠等食疗功效。

【烹饪用途】常用于凉拌，也可用于炒、炸等烹调方法，常见的菜式有"凉拌海蜇""糖醋海蜇肉""姜葱炒蜇皮"等。

【初加工方法】新鲜海蜇皮含有沙质，去沙方法是将海蜇皮洗净，滤干水分，然后烧热铁锅，把海蜇皮放入锅中（不加油）拌炒，海蜇皮受热收缩，所含沙子可从皮上脱落，然后放入清水中漂洗净杂质即可。

3. 水鱼

【品质鉴选】水鱼又称团鱼、甲鱼等，头似圆锥形，吻部凸出，颈长，多呈橄榄色，背腹扁平，背盘椭圆，背腹甲包裹着皮肤，背甲边缘的柔软皮称为"裙边"，四肢有蹼（图4-62）。水鱼是名贵的野生水产品，现已有人工饲养，是人们十分喜爱的滋补食物。挑选水鱼时以鲜活、动作灵敏、健康、个大肥壮、裙边厚实者为佳，野生水鱼的品质优于饲养者。水鱼肉质细嫩，裙边富含胶质，味道鲜美，是一种高蛋白质、低脂肪、营养价值高的烹饪原料，其所含蛋白质中的氨基酸较全面，且含有较丰富的矿物质和维生素。现代营养学研究发现，水鱼对高血压、冠心病、肺结核、肿瘤等多种疾病有辅助治疗作用。中医认为，水鱼有滋阴益肾、补中益气、滋补骨髓、活血散结等食疗功效。必须注意：死水鱼是不能食用的，且水鱼不宜与鸭蛋、苋菜、兔肉等同食。

图 4-62　水鱼

【烹饪用途】水鱼属较名贵原料，可烹制高档菜式，常用于炖、蒸、焖（红烧）、炸、炒、泡、煲、熘、扒等烹调方法，常见的菜式有"水鱼炖鸡""红烧水鱼""荷香蒸水鱼""油泡水鱼裙"等。

【初加工方法】将水鱼背朝下放在砧板上，引出水鱼头，压住水鱼头，拉出水鱼颈，将其头剁下；用刀将水鱼颈与背甲连接处切开，斩断颈骨，撬离水鱼前肢关节，在背甲与腹部之间下刀，将其切离。然后把水鱼放入60℃的热水中烫过，擦去外衣，洗净，用刀切离背甲，切除内脏，摘净油脂，洗净即可。斩件时斩去嘴尖、脚趾，背甲只留肉裙。

4. 鲜墨鱼

【品质鉴选】鲜墨鱼又称乌贼、墨斗鱼，广东称之为"花枝"，我国沿海各地均出产。鲜墨鱼体呈袋形，背腹略扁平，头上有八根触须，有两条较长的触手（图 4-63）。眼呈长圆形，灰白色。体内有布状浮骨（又称粉骨）一块，身上长有黑色墨囊。质优的鲜墨鱼鲜品肉色洁白，肉质柔软，体形完整无伤痕，气味新鲜，无污染。鲜墨鱼的蛋白质含量较丰富，且含有一定量的脂肪、矿物质和维生素。中医认为，鲜墨鱼有养血滋阴、益胃通气、祛瘀止痛的食疗功效。

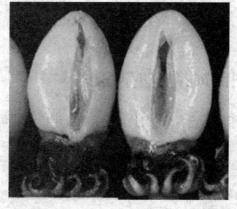

图 4-63　鲜墨鱼

【烹饪用途】常用于炒、泡、灼、炸、卤味等烹调方法，常见的菜式有"碧绿炒鲜墨""油泡墨鱼球""白灼鲜墨鱼""香芹花枝片"等。

【初加工方法】用刀将墨鱼切开或用剪刀剪开其腹部，剥出粉骨，剥去外衣、嘴、眼，冲洗干净即可。墨鱼有墨囊，墨汁较多，须小心剥除墨囊并洗净。

5. 鲜鱿鱼

【品质鉴选】鲜鱿鱼又称鲜鱿、柔鱼、枪乌贼等，我国沿海各地均产，以海南、两广等地海域较多产。鲜鱿鱼似鲜墨鱼，但头和躯干较狭长，末端尖细，须长。体内没有墨囊和粉骨，但有透明软骨一块，体色多呈紫红。质优的鲜鱿鱼肉色洁白，肉质柔软，体形完整无伤痕，气味新鲜，无污染（图4-64）。鲜鱿鱼的营养价值与鲜墨鱼相似，蛋白质含量较丰富，并含有一定量的脂肪、矿物质和维生素。中医认为，鲜鱿鱼有养血滋阴、益胃通气、祛瘀止痛的功效。

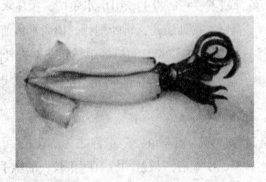

图4-64　鲜鱿鱼

【烹饪用途】常用于炒、泡、灼、炸、卤味等烹调方法，常见的菜式有"碧绿炒鲜鱿""油泡鲜鱿""糖醋鲜鱿""白灼鲜鱿鱼"等。

【初加工方法】用刀将鲜鱿鱼切开或用剪刀剪开其腹部，剥出软骨，剥去外衣、嘴、眼，冲洗干净即可。

三、其他水产品原料的饲养与储存方法

鲜活沙虫一般用海沙活养；已翻转的沙虫洗净后可用冷藏法储存，但时间不宜过长。

海蜇捕捞后应立即加石灰、明矾和盐等浸渍，以榨去其体内的水分，洗净后再用盐腌渍待用，使用时再漂水。已去沙的新鲜海蜇可冷藏待用。

水鱼可放入池或瓦盆内活养，池底或盆底放些沙粒，加入少量的干净水（水不宜深），每日换水2次。

思考与练习

1. 通过对水产品原料市场的调查，谈谈你所认识的鱼类。

2. 鱼类初加工时取肠脏的方法有哪几种？

3. 龙虾初加工时为什么要先使其排尿？

4. 鲜虾原料最常用的烹调方法是哪一种？

5. 如何区分蟹的雌雄？

6. 质好的活蟹有哪些特征？

7. 写出杀海蟹的加工方法。

8. 响螺的初加工方法是怎样的？

9. 从外形上如何区分鲜墨鱼与鲜鱿鱼？

10. 简述水鱼的初加工方法。

第五章
禽畜类原料及初加工技术

学习目标

1. 了解禽畜类原料在行业中的分类，原料的外形特征及烹饪用途

2. 掌握活家禽原料的正确宰杀方法

3. 掌握家禽原料的脱骨加工技巧及用途

4. 掌握各家畜内脏原料的加工方法

第一节　禽畜类原料概述

一、禽畜类原料的主要营养成分及对人体的主要作用

1. 家禽类原料的肉质特点与营养成分

　　家禽类原料肉质的老嫩、味道是否鲜美，与家禽的品种、养殖期有很大的关系。一般而言，肉用型家禽的肉质软嫩、纤维细密，是家禽中的佳品；卵肉兼用型家禽较卵用型家禽肉质嫩，但相对来讲老母鸡的风味要好于上述两种。本地家禽的肉质和风味要比杂交和引进的品种细嫩、肥美。阉过的家禽与没有下过蛋的家禽肉质嫩、味美，是肉用家禽中的精品。

　　禽肉具有营养丰富、肉质细嫩、味道鲜美、易于消化等特点，深受大众的喜爱。中医认为，鸡肉具有滋补作用，能补五脏、治脾胃虚弱，如鸡肝中含有丰富的维生素 A，能平肝明目、治疗夜盲症，还有补血作用；鸭肉可补血养胃，鸭血可治虚热；鹅肉可解热、补气，鹅血可补血。家禽类原料是难得的烹饪原料。

2. 家畜类原料的肉质特点与营养成分

　　家畜类原料的肉质因品种不同而有一定差异。例如，猪肉的肌肉组织中含有较多的肌

间脂肪，比其他畜肉含量高，因此猪肉的肌肉纤维比羊肉、牛肉的细密，膻味小，易于成熟，且易于人体消化吸收。家畜类原料的肉色以鲜红或暗红为主。

家畜类原料能提供人体所必需的氨基酸、脂肪酸、无机盐和维生素，且所含的蛋白质为完全蛋白质，其氨基酸组成与人体组织蛋白质的氨基酸相似，所以消化吸收率高，营养价值也高。但畜肉类原料均含有脂肪，多食易造成人体胆固醇类别之间失去平衡，使人体的胆固醇增加。

二、禽畜类原料的分类

肉类原料在人们的饮食中占有很重要的地位，因为肉类原料中含有人类生存所必需的营养物质，其所含蛋白质为动物性蛋白质，对人体生长发育、细胞组织的再生和修复，增强体质有重要意义。烹饪中肉类原料主要来自家禽和家畜。

1. 家禽类原料

行业中使用的家禽类原料主要有鸡、鸭、鹅、家鸽、鹌鹑等。

2. 家畜类原料

行业中使用的家畜类原料主要有猪、牛、羊、兔、马、驴、骡等。

第二节 禽类原料的选用及初加工方法

一、禽类原料初加工概述

禽类原料是烹制粤菜的主要原料之一，行业中使用的家禽有鸡、鸭、鹅、家鸽、鹌鹑等。由于各种禽的组织结构大致相似，因此其初加工过程和方法也基本相同，都要经过宰杀、煺毛、开膛、取内脏、洗涤等几个环节。此外，禽类原料的初加工还包括起肉、脱骨等内容。

1. 禽类原料初加工的原则

（1）宰杀时，气管、血管必须割断，血要放尽。如果气管未被割断，家禽就不会立即死亡；如果家禽的血管没有割断，其血液就会放不尽，而造成肉质发红，影响成菜质量。

（2）煺毛时水温要适宜，要根据禽类的品种、产地、肉质和季节变化来决定水温和烫泡的时间，肉质嫩者烫泡的时间要短一些。烫水时水温过高易烫烂禽的表皮，水温过低又难以煺毛或煺不干净，直接影响烹制菜肴的质量。

（3）禽类原料的内脏、血污和污秽等必须清除干净，否则不符合卫生要求，并影响菜肴的色泽和口味。

（4）合理选料，做到物尽其用。需要脱骨、起肉的家禽应注意合理选料，不要浪费。

2. 禽类原料初加工方法（活禽的初加工）

（1）宰杀

宰杀活禽多采用割断血管、气喉的方法。对于鸭、鹅等个体较大、体重，不宜手提的禽类，可用绳子套住其脚爪绕翅膀吊起，将颈拉直垂下再割喉、放血（图5-1）。

图5-1　宰杀

（2）煺毛

宰杀后的烫水、煺毛须等禽鸟停止挣扎、完全死亡且体温尚未完全冷却时进行（图5-2），烫水过早禽肌肉痉挛皮紧缩，不易煺毛；烫水过晚禽肌体僵硬、毛孔收缩也不易煺毛。烫水的水温要根据家禽老嫩和季节的不同而定。

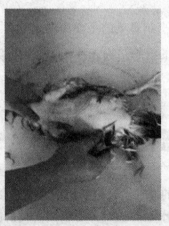

图5-2　煺毛

常见家禽类原料煺毛水温见表 5-1。

表 5-1 常见家禽类原料烫毛水温

家禽原料	小母鸡	阉鸡	鸭	鹅	白鸽	白鸭	蚬鸭
煺毛水温（℃）	65	75	75	75	60	55	75

注：宰杀鹌鹑时不用放血，用水浸死或摔死后去毛即可。

（3）开膛取内脏

在禽鸟脖子右侧切开长约 3 厘米的小口，取出气管及食管，将禽的腹部朝上，在肛门与肚皮之间顺切开一条长约 5 厘米的刀口，把脂肪拉开，用食指和中指伸入肚内，取出内脏，挖清肺，挖去肛门的肠头蒂。

（4）洗涤

将禽鸟清洗干净；摘肝脏去胆，冲洗干净；将肫切去食管及肠，剖开，把黄衣连同污物一起剥掉，洗擦干净。

二、禽类原料的选用及初加工方法

1. 鸡

鸡来源于雉科原鸡属，属鸟纲、鸡形目。传说红色原鸡是家鸡的祖先，现在我国云南、广西南部及海南岛丛林中仍有少量红色原鸡分布。鸡在我国的驯养历史已有 3000 多年。鸡按烹饪用途可分为蛋用型、药用型、肉用型和蛋肉兼用型四种。

鸡肉含有蛋白质 21.5%，脂肪 2.5%，并含丰富的硒、钾、磷、烟酸、维生素 A 及少量的锌、钙、铁等微量元素。

鸡肉性温味甘，有温中益气、补精添髓的食疗功效。鸡肉中含有丰富的蛋白质，其脂肪中含较多的不饱和脂肪酸，是老年人、心血管病患者的理想食品，北方妇女生小孩后喜用老母鸡作产后补身之物，可见其营养及滋补功效。

【品质鉴选】烹饪中常用的鸡品种及特征见表 5-2。

表 5-2 常用鸡品种及特征

品种	品质特征	图片
清远鸡	产于广东清远龙塘、洲心。其毛色麻黄，毛细而滑，颈短，眼细，翼短，脚短而细，脚衣金黄色，冠小，尾大而坠，肉质鲜嫩，多农家饲养，是广东传统著名鸡种	

品种	品质特征	图片
龙门胡须鸡	产于广东省龙门县。颌下有发达而张开的胡须状髯羽，无肉垂或仅有一些痕迹。雏鸡全身浅黄色，喙黄、脚黄（三黄），无胫羽。公鸡单冠直立，冠齿 6～8 个，喙粗短而黄，耳叶红色，梳羽、蓑羽和镰羽金黄色而富有光泽。背部羽毛枣红色，分有主尾羽和无主尾羽两种，主尾羽多呈黄色，但也有些内侧是黑色，腹部羽色比背部稍淡。母鸡单冠直立，冠齿一般 6～8 个，喙黄，眼大有神，橙黄色。耳叶红色，全身羽毛黄色，主翼羽和尾羽有些黑色；尾羽不发达，脚黄色	
湛江鸡	产于湛江信宜。以肌肉丰满、肉质嫩滑、骨软皮脆、味道清香甘爽而扬名粤港澳地区。由于鸡爪黄、鸡肉黄、鸡嘴黄，故有"三黄鸡"的美称	
文昌鸡	产于海南省文昌市潭牛镇天赐村，是一种优质鸡种，个体不大，重约 1 千克，毛色鲜艳，翅短脚矮，身圆股平，皮薄滑爽，肉质肥美	
广西霞烟鸡	产于广西容县下烟村。特征是羽毛、喙及脚胫呈黄色，羽毛紧凑，毛片较细、较薄，体形中等，体躯结实，公鸡、母鸡均胸宽背平，侧面看整只鸡呈船形。成年公鸡体重约 2.5 千克，全身羽毛黄色，颜色较浅，颈羽颜色较胸背为深。成年母鸡体重约 1.9 千克，羽毛黄色，个体间深浅不同，有稻草色、深黄色，羽毛较薄，是两广闻名的地方土鸡	
竹丝鸡	又名乌鸡，全国各地均有出产，以产于江西泰和、浙江嘉兴的品质为优。其特征是花蟠冠，绿耳环，黑舌葚、黑眼睛和脚趾，脚有毛，其身上的羽毛似丝绒，肉与骨骼呈暗紫色，体形不大，一般不超过 1.5 千克。羽毛白色，皮肉均为黑色，气味清香。乌鸡含丰富的黑色素、蛋白质、B 族维生素及 18 种氨基酸和微量元素，其中烟酸、维生素 B、磷、铁、钾、钠的含量高于普通鸡，且含铁元素也比普通鸡高很多，是营养价值极高的滋补品	
九斤黄	产于山东、安徽及长江流域。体躯大而宽深，背短向上隆起，胸部饱满，有胫羽及趾羽。肉质嫩滑，肉色微黄	

续表

品种	品质特征	图片
其他	产于广东省汕尾的米鸡，肉嫩骨脆，甘香甜滑；产于韶关阳山的阳山腌鸡，体形较大，肉滑皮爽鸡味好，是粤菜制作中品质优良的鸡种	

【烹饪用途】粤菜烹饪中主要使用小母鸡和阉鸡，广东称未下过蛋的母鸡为鸡项。小母鸡的肉质最为细嫩，脂肪丰满，鸡味较好，烹制的方法主要有浸、蒸、炸、煎、焗、焖、炒、煲、炖、烩等。阉鸡体型较大，肉质结实，皮爽肉滑，常用于焖、浸、焗等烹调方法。老母鸡营养丰富，但肉质较老，一般常用于煲、炖、煨等烹调方法。公鸡的肉质粗糙、骨头硬、鸡味差，烹饪中使用不多。

常见的菜式有"白切鸡""红枣云耳蒸滑鸡""大红脆皮鸡""蚝油焗鸡""虫草花炖鸡""鸡丝烩鱼肚"等。

【初加工方法】

（1）活鸡的宰杀方法

左手横抓鸡翼，小拇指勾住鸡的右脚，用大拇指和食指抓住鸡头，把鸡颈拉长，割断其喉将血放尽。调好水温，待鸡停止挣扎，将其放入热水中烫至湿透，取出煺毛。煺毛时，先煺胸毛，再从嗉窝处向头部逆煺颈毛，然后煺背毛、翼毛，最后煺尾毛。煺尾毛时，要抓住尾毛向左扭拔。煺尽毛洗净后便可开膛，先在鸡颈背右边近翼处割一刀，取出气管、嗉窝及食管，然后将鸡胸向上，在肛门与肚皮之间开一条长约5厘米的刀口，将食指和中指伸入肚内，取出内脏，挖清鸡肺，挖去肛门的肠头蒂，在鸡的两脚关节下斩去鸡脚，洗净即可。若用于炖的鸡，去净毛后，应在背部下刀剖开约10厘米，从背部取出内脏后用清水洗净即可。

（2）起光鸡肉

先在鸡嗉窝前端横刀圈割颈皮，将颈皮拉离颈部至头部切断取出，然后在背正中剖一刀至尾，在鸡胸正中剖一刀，将翼骨与胸骨关节割离，手抓鸡翼向后拉，将鸡肉推至大腿，再将大腿向背后翻起，用刀割断腿部与鸡身的关节及筋络，再将鸡肉拉出，脱离鸡架。

将起出的鸡肉割下鸡翼，在鸡腿部位沿腿骨剖一刀，将大腿骨与小腿骨关节割开，先将大腿骨起出，再起出小腿骨（将鸡柳肉从胸骨中拉出另用）。

鸡的两侧起肉方法相同。起鸭肉、鹅肉、鸽肉与起鸡肉方法相同。

（3）起全鸡（全鸭、全鸽）

将原只未开肚的光鸡洗净，先用刀在鸡颈背切一长约6厘米的刀口，剥开颈皮，将颈骨从刀口处推出，在近鸡头处将颈骨切断（皮不要切断），再将鸡皮往下推，使整条颈骨露出。

用刀将鸡翼上端与肩胛连接的筋络割断（两侧起法一样），再用刀将锁喉骨与胸肉连接处割离。

将鸡仰放在砧板上，胸部向上，左手按牢鸡腋部位，右手将鸡胸肉挖离胸骨到胸骨下端即止。再将胸两旁的肉挖离肋骨。

切离背部筋膜，顺推至大腿上关节骨，将两腿翻向背部，用刀割断大腿筋，使腿骨脱离。再用刀背在皮肉与下脊连接处轻轻敲击，边敲边推，至尾即止，将尾骨切断，使鸡的骨骼与皮肉完全分离。

在鸡翼骨的顶端用刀圈割，然后用力顶出翼骨，斩断（两边起肉方法相同）。将膝关节处割断，先起出大腿骨，然后用起翼骨的相同方法，起出小腿骨（两侧起法一样）。

将鸡从颈背刀口处翻转，整理好（若是起全鸭，则将鸭的第二翼斩去，将鸭舌拉向一边，斩嘴留舌，起出鸭尾酥）。

起全鸡、全鸭、全鸽的质量标准：原料不穿孔，刀口不超过翼膊，不存留残骨，起肉要干净。

小知识

活鸡的挑选

活鸡的羽毛光滑，躯体强壮丰满，眼有神，鸡冠和耳垂鲜红或略带粉红，行动敏捷。胸骨、嘴角带有软骨，后爪趾平为当年鸡（嫩鸡或肥鸡），反之为老鸡。

---

2. 鸭

鸭是由野鸭驯化而来的。鸭在我国分布很广，除了食用价值外，其经济价值也很高。根据烹饪用途不同，鸭可分肉用型、蛋用型、肉蛋兼用型三大类，烹饪中主要使用肉用型鸭。

肉用型鸭在我国大部分地区均有饲养，以北京、广东、浙江、江苏、安徽等地的产品最为优良，尤其以北京填鸭闻名全世界，粤菜中常用的广东本地鸭、泥鸭、番鸭等也较受欢迎。鸭肉比鸡肉粗糙，其皮下脂肪丰富，味鲜而略带膻味。活鸭羽毛丰满光润、躯体强壮，眼有神，行动灵活；掌表皮鲜红，鸭嘴和胸骨带软骨，脯部饱满、肉厚，胸骨不凸出为当年鸭（肥鸭或好鸭），否则为次鸭。

鸭肉性味甘、咸，微寒，有滋阴养胃、利水消肿的功效。鸭肉含蛋白质16.5%，脂肪7.5%，并含有丰富的硒、磷、钾及烟酸、钙、锌、维生素A、维生素B等营养成分。

【品质鉴选】烹饪中常用鸭的品种及特征见表5-3。

表5-3   常用鸭品种及特征

品种	品质特征	图片
广东本地鸭	广东省各地均有出产，以番禺万顷沙等地所产为优。其毛色麻黑，颈短带褐色，头细，胸肉厚，肉多、骨细，有鲜味，肉质较嫩、较软	
番鸭	又名嘉积鸭、雁鹅，广东各地均有出产，以海南省琼海市出产为优。其体形前尖后窄，呈长椭圆形，头大，颈短，嘴甲短而狭，嘴、爪发达；胸部宽阔丰满，尾部瘦长，毛净白色，嘴红，嘴的基部和眼圈周围有红色或黑色的肉瘤，叫声尖，能飞翔，肉味鲜，但肉质粗糙	
北京填鸭	以产于北京西郊玉泉山一带的品种为优。其羽毛丰满呈纯白色，胸部丰满凸起，腹部深广下垂，脚短，趾蹼呈橘红色，生长快，体重可达3～4千克，其肌肉纤维细致，富含脂肪，肉质风味独特	
泥鸭	广东省各地均有出产。其身大而长，身软，毛色麻黑，嘴长尖而带有钩，下巴微有淡红色，脚淡黄色，声带低沉，肉不结实，骨大而脆，肉味淡	

【烹饪用途】粤菜制作中主要使用母鸭，因其脂肪丰富，味鲜且腥味小，烹调方法主要有白切（浸）、焖（碎件、整只）、扒、煲汤、炖、煎等，也可用于烧烤、腊、卤水卤制等。常见的菜式有"白切鸭""脆皮烧鸭""四宝扒大鸭""黑椒鸭脯""薏米冬瓜煲鸭"等。

【初加工方法】

（1）活鸭的宰杀方法与活禽的初加工方法相同。

（2）红鸭（大鸭）的加工方法：将光鸭挖清肺部，洗净，"斩嘴留利"、斩去两节鸭翼，在脚关节以下斩去鸭脚，用刀背敲断"四柱骨"，在鸭背上用刀剒"十"字，并用刀背敲断脊骨，切去"尾骚"即可。

3. 鹅

鹅又名舒雁、家雁，其远祖是鸿雁，是人类驯养最早、体型较大的禽类，全国各地均有饲养，如广东的黑棕鹅、狮头鹅，江西兴国的灰鹅，浙江象山、奉化的白鹅等，以广东潮州、浙江宁波、江苏南京等地所产者为优良。鹅易饲养，生长快，体型壮大，每只可重达 5 千克左右，毛色有纯白、棕色、灰色三种。鹅肉一般肉质较老、肉纤维粗糙、鲜味不足。鹅肉中含蛋白质、脂肪及钙、磷等元素。鹅肉性味甘、平，有益气补虚、开胃止渴的功效。北方地区使用的鹅基本上不是当年鹅，所以餐饮业使用鹅制作菜品较少。南方地区选用当年鹅制作菜品，如广东的"巧烧雁鹅""脆皮烧鹅""家乡碌鹅"等深受食客欢迎。

【品质鉴选】烹饪中常用鹅的品种及特征见表5-4。

表5-4　　　　　　　　　　　常用鹅品种及特征

品种	品质特征	图片
黑棕鹅	广东各地均有出产，以广东清远市出产为质优。其体躯宽短而垂，属小型鹅种，嘴、额瘤和趾、蹼为黑色，颈项至背有明显灰黑色羽毛带，故称"黑棕鹅"。该鹅早熟，育肥性能较好，骨细肉嫩，味鲜美，成年鹅体重2.5 ～ 3.5 千克，被列为全国四大名优鹅种之一，是粤、港、澳地区烹饪烧鹅的首选鹅种	
中国鹅	全国各地均有出产。其体躯长大而宽，体长可达 80 ～ 100 厘米，公鹅体重 5 千克左右，母鹅 4 千克左右。鹅头较大，额骨凸出，嘴上基部有一个大而硬的肉质瘤，嘴下皮肤有皱褶，形成所谓"口袋"，嘴形扁阔而长。颈长而稍弯曲，胸部发达。腿长，尾短向上，有脂囊。躯体站立时昂然挺立	
狮头鹅	广东各地均有出产，以饶平县、澄海、潮安等地出产品质为优。其羽毛灰褐色或银灰色，腹部羽毛白色。头大，眼小，头部顶端和两侧具有较大黑色肉瘤，其肉瘤可随年龄增长而增大，形似狮头，故称狮头鹅。颌下肉垂较大，嘴短而宽，颈长短适中，胸腹宽深，脚和蹼为橙黄色或黄灰色，体质强健，肌肉丰厚，肉质优良。成年公鹅体重 10 ～ 12 千克，母鹅 9 ～ 10 千克	

【烹饪用途】鹅在粤菜制作中主要用于焖、扣、煲、卤等烹调方法，也可起肉用于炒，或用于制作烧鹅。"广东烧鹅"是广州著名的菜式品种，"潮州卤水鹅"是潮州地区的著名菜式。

【初加工方法】活鹅的宰杀方法与活禽的初加工方法相同。

小知识

关于鹅

家鹅大致分为中国鹅和欧洲鹅两个大类，欧洲鹅起源于灰雁，中国鹅由鸿雁驯养而成。中国鹅起源于东北，远在约4000年前就已饲养，是一个很古老的鹅种。我国家鹅的品种比较单一，到现在只有灰、白两种，近年来才培育出了优良品种，如狮头鹅等。

鹅油的药用功效：鹅油（冬季杀鹅，去毛及内脏，剥取脂肪，炼制而成）有清热解毒、润肤的功效，主治痈疮肿毒，冬季手足皲裂时可适量外用。

4. 其他家禽、野禽类原料

行业中禽类原料除了鸡、鸭、鹅外，各地也使用其他家禽原料，如鹧鸪、鹌鹑、白鸽，这些禽鸟原料具有肉质细嫩鲜美，营养丰富等特点，由于数量较少，在价格上稍高，属中、高档原料。

（1）鹧鸪

【品质鉴选】鹧鸪主要产于安徽、浙江、福建、广东、广西、云南、贵州等地，中等体型30厘米，枕、上背、下体及两翼有醒目的白点，背和尾有白色横斑。头黑带栗色眉纹，一宽阔的白色条带由眼下至耳羽，颊及喉白色（图5-3）。鹧鸪主要栖息于丘陵地带的灌木丛、草地、岩石、荒坡等无林荒山地区，现已可以进行人工养殖。鹧鸪肉富含维生素和铁、钾等多种矿物质，具有补虚弱、健脾胃的作用。

图5-3　鹧鸪

【烹饪用途】常用于炒、炖、煲、蒸、焗、滚（生窝）等烹调方法，常见的菜式有"生炒鹧鸪""五指毛桃煲鹧鸪""淮杞炖鹧鸪""云耳红枣蒸鹧鸪"等。

【初加工方法】与鸡的宰杀方法相同。

（2）鹌鹑

【品质鉴选】鹌鹑是雉科中体型较小的一种，产于四川、河北、河南、山东、山西、安徽、云南、福建、广东等地。野生鹌鹑尾短翅长而尖，上体有黑色和棕色斑相间杂，具有浅黄色羽干纹，下体灰白色，颊和喉部赤褐色，嘴沿灰色、淡黄色（图5-4）。雌鸟与雄鸟颜色相似，现已能进行大量人工养殖。鹌鹑肉质鲜美，含脂肪少，食而不腻，素有"动物人参"之称。鹌鹑肉的主要成分为蛋白质、脂肪、无机盐类，且含有多种氨基酸，胆固醇含量较低，其脂肪、胆固醇含量比猪、牛、羊、鸡、鸭肉等低，并含有维生素P等成分。鹌鹑性甘、平、无毒，具有益中补气，强筋骨，耐寒暑，消结热，利水消肿作用；鹌鹑的肉、蛋有补五脏、益中续气、实筋骨之功效。鹌鹑不仅食用价值很高，其药用价值也很高。

【烹饪用途】常用于炒、炖、煲、炸、焗、焖、爆等烹调方法，常见的菜式有"生炒鹌鹑松""蚝油焖鹌鹑""泰汁焗鹌鹑"等。

【初加工方法】用右手拇指、食指紧掐鹌鹑颈部致其死亡，从头向尾部拔净毛，在背部用刀切开一条长约5厘米的刀口，伸入食指和中指取出内脏，在两脚关节下斩去脚，洗净即可。

图5-4　鹌鹑

（3）白鸽

【品质鉴选】白鸽又名乳鸽，由野生的原鸽经过长期人工驯养培育而成，全国各地均有出产。白鸽在鸟类中属中等体形，通体石板灰色，颈部胸部羽毛具有悦目的金属光泽，常随观察角度的变化而显由绿到蓝而紫的颜色变化，翼上及尾端各具一条黑色横纹，尾部的黑色横纹较宽，尾上覆羽白色（图5-5）。出生在25天内的白鸽称为乳鸽，出生在12天内的白鸽称为妙龄鸽，它们是粤菜常用的烹饪原料，其骨酥脆，肉嫩滑，深受食客喜爱。鸽肉味咸、性平、无毒，具有滋补肝肾之作用，可补气血，脱毒排脓，清肺顺气，对于肾虚体弱、心神不宁、儿童成长、体力透支者均有功效，常吃可使身体强健。乳鸽的骨内含丰

图 5-5　白鸽

富的软骨素，能增加皮肤弹性，改善血液循环。

【烹饪用途】常用于炒、炖、煲、炸、焗、蒸滚（生窝）等烹调方法，常见的菜式有"生炒鸽松""红烧乳鸽""淮杞炖乳鸽""OK 汁焗乳鸽"等。

【初加工方法】与活鸡的宰杀方法相同。

第三节　家畜类原料的选用及初加工方法

餐饮业中常用的家畜类原料有猪、牛、羊、兔等。

一、猪

猪在我国有悠久的饲养历史，约在六七千年前已开始养殖，现有品种 100 多种。猪按商品类型可分为肉用型（瘦肉型）、脂用型和肉脂兼用型；按产区可分为华北型、华南型、华中型、港澳型、西南型和高原型；按血统分类有本地种、外来种和杂交改良种。近年来瘦肉型猪已成为养殖业发展的主导型。

猪肉占猪身体重量的 80%，颜色一般呈淡红色，肉纤维细嫩，结缔组织较少，脂肪含量较其他肉类多。

1. 猪的分类

在我国，猪的主要品种按地区可分为以下几种：

（1）华北型

华北型猪主要分布在淮海、秦岭以北，这些地区气候寒冷、干燥，土壤中钙、磷含量较多。华北型猪皮厚多皱褶，骨骼发达，如河南项城猪，腿脚高、骨架大、毛长皮厚、肉质差、出肉率少。东北猪有两个品种，一个为本地种，如东北民猪；另一个为改良品种，如新金猪和哈白猪。新金猪产于辽宁省新金县，其特征是头大，耳小前立，体躯圆长，背腰平直，四肢粗壮，背毛黑色，四肢、头和尾为白色，被称为"六白"，其肉嫩皮薄，出肉率高。哈白猪产于黑龙江省，由大约克夏猪和西伯利亚猪杂交繁育而成，出肉率高。

（2）华南型

华南型猪主要分布在华南地区，这一地区气候适宜，环境温暖潮湿。华南型猪新陈代谢旺盛，早熟，皮薄毛稀，臀部饱满，代表品种为广东梅花猪，其特征是体躯较小，背宽腹圆，腰部微凹，四肢短小，早熟易肥，骨细皮薄。

（3）华中型

华中型猪分布在长江和珠江三角洲的广大地区，地处亚热带。华中型猪体型与华南型猪基本相似，但体躯较大，主要有浙江金华猪、湖南宁乡猪、湖北监利猪。浙江金华猪以"两头乌"为最好，是典型的肉用猪，著名的"金华火腿"就是用它作原料，此猪的臀尾为黑色，其余均为白色，故称为"两头乌"，肉质特点是皮薄肉嫩，瘦肉多，脂肪少。湖南宁乡猪背、臀、尾为黑色，腹、胸、四肢为白色，腹垂腰凹，四肢粗短而强健，肉质特点是皮薄、膘厚，脂肪含量高。湖北监利猪体型小，腰稍微下凹，腹下垂，皮肤松弛，早熟易肥，皮薄骨细，肉质嫩，脂肪较多。

（4）江海型

江海型猪分布于汉水和长江中下游，处自然条件交错地带。这些地区经济比较发达，交通便利，使猪种混杂，代表品种有江苏苏北的俗沙猪及太湖流域的太湖猪。前者耳大，颈长，肩狭小，背腰狭而平直，腹大微垂，腿高，后躯略高于前躯；后者耳长，大而下垂，皮薄而多有皱纹，成熟早。

（5）西南型

西南型猪分布于云贵高原和四川盆地，荣昌猪和内江猪是全国有名的良种，体躯较长，体质疏松，腹部涨大下垂，背腰宽直，四肢较短，后腿欠丰满，皮厚毛疏，其毛色纯白。

（6）高原型

高原型猪分布于青藏高原。这一地区气候寒冷，使高原型猪皮较厚，毛密长，体形小、紧凑，四肢发达，背窄而微弓，腹紧，臀部斜，以适应高原干寒的气候和放牧的饲养环境。高原型猪属小型晚熟种，由于气候和文化的原因，这一地区养猪较少。

（7）其他型

除上述国内代表品种外，我国有计划地从国外引进了一批优良品种，如英国产的约克夏猪、大约克夏猪（又称大白猪）和长白猪（原产于丹麦）、苏白猪（产于苏联）等。

2. 猪肉的营养成分及功效

猪肉每 100 克含水分 9.3 克、蛋白质 41.5 克、脂肪 16.2 克、碳水化合物 4.5 克、热量 1 214.2 千焦、灰分 2.5 克、钙 30 毫克、磷 505 毫克，铁 7.0 毫克、维生素 10 国际单位、硫胺素 2.65 毫克、核黄素 0.6 毫克、烟酸 21.0 毫克。

猪肉营养丰富，热量大，蛋白质、脂肪含量较多，还含有各种维生素及微量元素。因此，猪肉具有长肌肉、润皮肤的作用。近年来，人们研究得知肥肉可使人体的皮肤细腻，是因为皮肤中含有多量的"透明质酸酶"的缘故，这种酶可以保留水分，吸收一些微量元素及各种营养物质，使皮肤细嫩润滑，肥肉中特有的一种胆固醇与这种酶的形成有关，人们每天吃 50 克肥肉不但不会发胖，还可以使皮肤更细嫩。

3. 品质鉴选

（1）猪肉

挑选猪肉时以肉质紧密，富有弹性，皮薄、膘肥，瘦肉部分呈淡红色，有光泽，膘部分色泽雪白，油光发亮，没有异味者为佳。质差的猪肉肉质松软、有黏性分泌物流出，呈青蓝色且带有异味。此外，如肉皮毛孔细小的为嫩猪；肉皮毛孔粗糙的则为老猪，老猪肉质量较差。

（2）猪肝

挑选猪肝时以结实有弹性，呈褐红色或淡红色者为佳；如颜色昏暗，无光泽，有软皱萎缩现象的则质量较差。

（3）猪腰

挑选猪腰时以褐红色或淡红色，有光泽、坚韧，表面干爽者为佳；反之，色带青，松软，似泡过水，其体积发大，色白，没有光泽，有腐臭味者为质差。

（4）猪肚

质量好的猪肚有光泽，颜色白中带黄，黏液较多，肚身厚实。质差的肚身发胀无弹性，如将肚内翻转，发现内有小硬核，是有病变的迹象，不宜食用。

（5）猪心

质量好的猪心鲜红而有光泽，用手按时常有血液流出；质差的猪心色泽暗淡，有腐臭异味。

（6）猪肠

质量好的猪肠光亮发白，黏液较多；质差的猪肠色青带白，黏液很少，有异味。

4. 猪内脏的烹饪用途与加工方法

（1）猪粉肠

【烹饪用途】常用于蒸、灼、炒、焗等烹调方法，常见的菜式有"紫苏蒸粉肠""生嗜竹肠”等。

【初加工方法】将猪粉肠表面过多的油脂摘除，将一去皮的姜块塞入粉肠内，顺着粉肠向前推动至粉肠的另一端推出，再用清水洗净即可。

（2）猪舌（猪口条）

【烹饪用途】常用于扒、蒸、煲、卤制、炒等烹调方法，常见的菜式有"发财扣大脷""卤水猪舌""姜葱焗猪舌"等。

【初加工方法】将猪舌放入热水中（80～90℃）加热至猪舌表面变成白色捞出，用冷水浸泡并用刀刮去舌苔即可。

（3）猪肺

【烹饪用途】常用于煲、炖汤等烹调方法，常见的菜式有"金银菜煲白肺""南北杏元肉炖白肺"等。

【初加工方法】将猪肺的咽喉接上自来水龙头，开启水龙头开关，用水灌满猪肺至发胀后放下，用手按压肺叶，将猪肺内的血水和泡沫挤出，再接上自来水龙头连续如此操作4～5次，至猪肺表面转白色为洗净。用刀将猪肺切成大块，放入沸水中"飞水"，去净血污后捞出洗净，烹制前放入热锅中炒干水分即可。

（4）猪大肠

【烹饪用途】常用于炒、焖、卤制等烹调方法，常见的菜式有"味菜炒猪大肠""卤水大肠"等。

【初加工方法】将大肠外表的脂肪、污物摘去，用筷子顶着猪肠一头，将猪肠翻转，使原来的内层在外，外层在内，用水冲净污物，再用食盐、生粉揉搓去除黏液，用水洗净即可。

（5）猪肚

【烹饪用途】常用于炒、煲汤、炖汤、卤水卤制、焖、凉拌等烹调方法，常见的菜式有"腐竹白果煲猪肚""猪肚煲鸡""西芹炒爽肚""凉拌肚丝"等。

【初加工方法】去掉猪肚表面的油脂，将猪肚翻转，使原来的内层在外，外层在内，用水冲净污物，用食盐和生粉擦去黏液，放入开水中烫后，用刀刮去白膜，洗净即可。

爽肚的加工：取猪肚蒂部分，加入热纯碱水（500克清水加纯碱40克）焗至水冷，倒去碱水，用清水漂清碱味再进行刀工切配即可。

（6）猪脑

【烹饪用途】常用于炖、滚、烩等烹调方法，常见的菜式有"天麻猪脑""白芷蒸猪脑"等。

【初加工方法】用水浸没猪脑，用牙签挑去猪脑上的血筋膜，洗净即可。

二、牛

牛属哺乳纲牛科动物，包括肉牛、奶牛、役用牛及兼用牛，全国各地均产，较有名的有蒙古黄牛、秦川黄牛、鲁西黄牛、牦牛（青藏、川西、甘南）、水牛（长江以南）、黑白花奶牛、引进品种（西门塔尔牛）等。

【品质鉴选】首先根据牛的品种优良程度进行选择，如我国较好的品种有蒙古黄牛、秦川黄牛、鲁西黄牛；其次，根据不同的烹调方法和菜品要求选择不同部位的牛肉。牛肉一般色泽暗红、脂肪微黄色、肌肉纤维明显，有特有的腥膻味。注意：一般老牛、病牛、水牛、耕牛的肉不宜选用。牛肉的部位分布如图5-6所示。

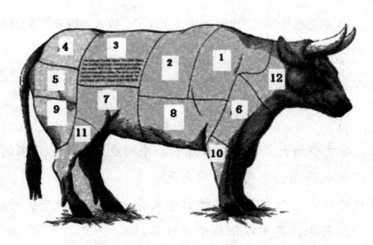

1 上脑　2 肋部　3 腰脊部　4 米龙　5 后臀部　6 胸口　7 牛腩
8 硬肋（又称短肋）　9 腰窝　10、11 牛腱子　12 颈肉

图5-6　牛的结构

【烹饪用途】牛肉的适用范围广泛，其用量仅次于猪肉。根据牛肉所处部位的不同可采用多种烹调方法，如烧、烤、炒、卤、煮、焖、炖等，常见的菜式有"凉瓜炒牛肉""杂菌浸牛肉丸""淮山杞子炖牛腱""白灼牛百叶"等。

【初加工方法】

1. 牛百叶

将牛百叶放入碱水溶液中浸泡1小时后，擦去黑衣，用清水漂去碱味，再根据烹饪用途进行刀工切配即可。

2. 牛肚

将牛肚用碱水溶液浸泡 30 分钟后捞出，擦去外黑衣，洗净（或用 90℃的热水稍烫后捞出，浸在冷水中擦去外黑衣，洗净）即可。

3. 牛尾

将带皮的牛尾先用火烧焦牛尾表面，再用刀刮去焦面以及毛根，用水洗净即可。

4. 牛舌

将牛舌洗去血污，放入水中煮约 20 分钟，捞出，用刀刮去白膜，洗净即可。

5. 牛鞭

将牛鞭放入 40℃的热水中冲洗两遍，锅中烧水至开，放入牛鞭煮约 3 分钟取出，过冷水，切去老皮，从中间剖开，片去尿线、黑色物即可。

小知识

进口牛肉品种简介

近年来，餐饮市场大量使用进口原料，牛肉也不例外，日本的神户牛肉、美国的肥牛肉等成为高档牛肉的主要角色。

日本神户牛肉产于日本神户，神户牛又分为黑田庄和牛、丹波牛、淡路牛、三田牛和但马牛，其中以但马牛为极品。

但马牛肉质纤维细腻，雪花均匀，骨细脂肪少，这种牛非常温驯，体形好，品质高而且寿命长，易于留种。据说但马牛的特点与当地的水质和草料有关，当然也离不开饲养名家独特的饲养方法，在饲料配方和舒适的环境等方面有其独特之处。据说养但马牛的牧场有专人精心照料，与其说这里是饲养场还不如说是研究所更为确切。

神户牛肉进入珠三角餐饮市场是近 10 年的事，由于价格较昂贵，主要在一些星级宾馆及西餐厅或日本刺身专卖店供应，其肉质细嫩，脂肪呈雪花状分布，肥瘦比例合理，吃起来有入口即化的感觉。可生食，将牛肉切成薄片，拌上切成细丝的淮山、红萝卜、青瓜等同吃。也可配专门的酱汁用铁板烧制，但切忌过熟。

三、羊

羊属于反刍动物，我国各地均有饲养，产地以西北、华北、东北为主，中南、西南、华东等地区则较少。

【品质鉴选】羊有绵羊和山羊两种。绵羊又称胡羊，主要产于华北地区，西藏、青海的绵羊毛长而卷，角弯，尾部庞大，肉含脂肪丰富，肥腴鲜美，腥膻味较小。绵羊肉肉质坚实，颜色暗红，肉纤维细而软，肌肉很少夹杂脂肪，经过育肥的绵羊肌肉中夹有脂肪，呈纯白色。绵羊按其类型大致可分为四个品种：蒙古绵羊、西藏绵羊、哈萨克绵羊和改良种绵羊，其中以蒙古绵羊最多。蒙古绵羊一般为白色，多数头部和四肢为黑色，故又称作黑头羊，公羊有角，母羊无角，尾有大量脂肪，呈圆形而下垂，也称"肥尾羊"，肉质坚实，色暗红，纤维细而较软，肌间脂肪少，膻味小。西藏绵羊几乎无膻味，是上等肉用羊。

山羊多分布在华南、西南等地，体形瘦小，毛短而不卷。山羊肉的色泽较绵羊肉浅，呈较淡的暗红色，皮下脂肪有山羊特有的膻味，肉质不如绵羊，脂肪也差，性燥，适宜冬令食用。山羊的主要品种有蒙古羊、四川铜羊、沙毛山羊、青猾山羊等品种。

羊肉性味甘、热，有补虚益气、温中暖下、补肾壮阳的功效。羊肉含有蛋白质、脂肪，并含丰富的磷、钾、钙、铁、锌、硒等微量元素及其他营养素，以冬季食用为佳，其含热量比牛肉高，可促进血液循环，增强御寒抗病能力。

【烹饪用途】常用于煲、炖、焖、浸、蒸、滚、涮等烹调方法，常见的菜式有"淮杞元肉煲羊腿""风味羊腩煲""白切海南东山羊""涮羊肉"等。

【初加工方法】羊肚的加工方法：清理干净附着在羊肚上面的油和杂质，将其内外翻转，用盐、生粉反复搓洗，以去除黏液，再用清水彻底清除内容物即可。

四、兔

【品质鉴选】兔是哺乳类兔形目草食性脊椎动物、哺乳动物，头部稍微像鼠，耳朵根据品种不同有大有小，上唇中间分裂，是典型的三瓣嘴，兔尾巴和脚一样长而且向上翘，前肢比后肢短，善于跳跃、奔跑，性格温顺，惹人喜爱。

从商品角度来说，兔分肉兔、毛兔（安哥拉兔）、獭兔（皮用兔）以及肉皮兼用兔、宠物兔等，行业中以肉兔使用为主。挑选兔肉时以肉色粉红、肉质柔软、味道鲜美者为佳。兔肉属高蛋白质、低脂肪、少胆固醇的肉类，兔肉含蛋白质高达70%，比一般肉类都高，但脂肪和胆固醇含量却低于所有的肉类，故有"荤中之素"的说法。经常食用兔肉，既能增强体质，使肌肉丰满健壮、抗松弛衰老，又不致身体发胖，且能保护皮肤细胞活性、维护皮肤弹性，所以深受人们尤其是女士的青睐，被称作"美容肉"。中医认为，兔肉性凉，有滋阴凉血、益气润肤、解毒祛热的功效。

【烹饪用途】兔肉营养丰富、肉嫩味鲜，常用的烹调方法有清蒸、煲、炖、浸、红烧、生焖、滚等，常见的菜式有"桂圆当归炖兔肉""红烧野山兔""淮杞蒸滑兔"等。

【加工方法】先手抓兔的后腿，将其摔死（或淹死），割喉放血，用70℃的水烫皮去毛，开腹取内脏，洗净即可。

第四节　禽蛋及奶类原料

禽蛋及奶类原料在烹饪中的应用非常普遍，尤其在面点的制作中更为突出。

一、禽蛋类原料

禽蛋及其制品是烹饪中经常使用的一类烹饪原料。禽蛋的结构基本相似，化学组成大同小异。禽蛋及其制品所含营养物质丰富，其中蛋白质含量较高，可食部分较多，极具食用价值。

1. 鲜蛋

粤菜中所用的鲜蛋主要是鸡蛋、鸭蛋、鸽蛋、鹌鹑蛋等。

鸡蛋含有丰富的卵磷脂、固醇类、蛋黄素以及钙、磷、铁、维生素 A、维生素 D、维生素 B，这些营养成分对增进人体神经系统的功能大有裨益，是较好的健脑食品。人体对鸡蛋蛋白质的吸收率高达 98%。

鸭蛋含有丰富的蛋白质、矿物质，尤其铁、钙的含量极为丰富，经常食用能预防贫血、促进骨骼发育。

鸽蛋的营养价值相当高，含蛋白质、脂肪，并含丰富的钙、磷、铁及少量维生素。

鹌鹑蛋含丰富的蛋白质、卵磷脂、赖氨酸、胱氨酸、维生素 A、维生素 B_2、维生素 B_1 及铁、磷、钙等营养物质，经常食用可补气益血、强筋壮骨。但脑血管病人不宜多食鹌鹑蛋。

烹饪中蛋类原料的应用相当广泛，可作主料、配料及佐料，是最常用的烹饪原料之一。

【品质鉴选】鲜蛋品质鉴选的方法有多种，在实际工作中由于条件所限，主要有外观观察法和照检法两种。

（1）外观观察法

新鲜蛋的蛋壳附着有石灰质的微粒，好似覆盖有一层霜状粉末，手感粗糙；陈蛋常有光泽，经过孵化的蛋会特别光亮。另外，挑选鸡蛋时以壳红、粗糙者为佳。

（2）照检法

将蛋迎光透视，若全蛋透光，蛋黄暗影不见或略沉，气室小，蛋内部无斑块、无黑点、无红影者属新鲜蛋。如粘壳蛋则空头大，有斑点粘住蛋壳，粘壳蛋内透明发红，呈暗红色。如空头流动，蛋内呈深黄色，发暗，则为散黄蛋。

【烹饪用途】禽蛋的烹饪用途见表5-5。

表5-5   禽蛋的烹饪用途

禽蛋种类	烹饪用途
鸡蛋	用于蒸、炒、炸、煎、烩、滚、焗、制作蛋糕等。著名的菜式有"黄埔蛋"等
鸭蛋	在烹调中使用较少，主要用于制作皮蛋、咸蛋
鸽蛋	用于烹制名贵菜肴，菜式有"乌龙吐珠""盐焗鸽蛋"等
鹌鹑蛋	用于蒸、炖、制作甜品、制作盐焗蛋、卤水制品等

2. 再制蛋

再制蛋在粤菜中较常用的有皮蛋和咸蛋两种。

（1）皮蛋

皮蛋又称松花蛋，因胶冻状蛋清表面有氨基酸结晶形成的松枝状花纹而得名（图5-7）。皮蛋一般以鲜鸭蛋（也有鸡蛋、鹌鹑蛋）为原料，加生石灰、食盐、茶叶及其他添加物加工而成，是我国独特的风味食品。地区不同，其制作方法也略有差异，主要有包泥法和浸泡法。制作过程中生石灰可使蛋白质凝固，并使部分蛋白质分解生成二氧化碳和氢。二氧化碳可与蛋清中的黏蛋白发生作用形成暗透明体，蛋黄中生成的硫化氢或硫化铁使蛋黄呈褐绿色，食盐可减弱松花蛋的辛辣味。一般制成的皮蛋成品分汤心皮蛋和硬心皮蛋，前者要添加铅或氧化锌，后者要添加草木灰等。

【品质鉴选】

1）外观鉴别

优质皮蛋：外表泥状包料完整、无霉斑；包料剥掉后蛋壳完整无损，用手拖起约30厘米高自然落

图5-7 皮蛋

于手中有弹性感，摇晃时无动荡声。

次质皮蛋：外观无明显变化或裂纹，抛落试验弹动感差。

劣质皮蛋：包料破损不全或发霉；剥去包料后，蛋壳有斑点或破、漏现象，有的内容物已被污染；摇晃时有水荡声或感觉轻飘。

2）灯光透视鉴别

优质皮蛋：呈玳瑁色，蛋内容物凝固不动。

次质皮蛋：蛋内容物凝固不动，或有部分蛋清呈水样，或气室较大。

劣质皮蛋：蛋内容物不凝固，呈水样，气室很大。

【烹饪用途】主要用作配料，常用于蒸、滚、浸等烹调方法和制作凉拌菜，常见的菜式有"蒸双色蛋""上汤浸时蔬""皮蛋芫茜鱼片汤""凉拌皮蛋"等。

（2）咸蛋

咸蛋是将禽蛋放入浓盐水中浸泡或将含盐的泥土敷在蛋表面腌制加工而成的产品（图5-8）。

图5-8　咸鸭蛋

【品质鉴选】咸蛋主要从外观、灯光透视和打开三个方面来鉴别。好的咸蛋蛋壳洁白（或青色），蛋白鲜、细、嫩、白，蛋黄松、沙、油，具有咸蛋特有的气味和滋味，咸味适中。

1）外观鉴别

优质咸蛋：包料完整无损，剥掉包料后或直接用盐水腌制的可见蛋壳完整无损，无裂纹或霉斑，摇动时有轻度水荡感觉。

次质咸蛋：外观无显著变化或有轻微裂纹。

劣质咸蛋：隐约可见内容物呈黑色水样，蛋壳破损或有霉斑。

2）灯光透视鉴别

咸蛋的灯光透视鉴别方法同皮蛋。主要观察其内容物的颜色、组织状态等。

优质咸蛋：蛋黄凝结，橙黄色且靠近蛋壳，蛋清呈白色水样，透明。

次质咸蛋：蛋清尚清晰透明，蛋黄凝结呈现黑色。

劣质咸蛋：蛋清浑浊，蛋黄变黑，转动蛋时蛋黄黏滞，蛋质量更低劣者，蛋清蛋黄都发黑或全部溶解成水样。

3）打开鉴别

优质咸蛋：生蛋打开可见蛋清稀薄透明，蛋黄呈红色或淡红色，浓缩黏度增强，但不硬固；煮熟后打开可见蛋清白嫩，蛋黄有细沙感，富于油脂，品尝则有咸蛋固有的香味。

次质咸蛋：生蛋打开后蛋清清晰或为白色水样，蛋黄发黑粘固，略有异味；煮熟后打开，蛋清略带灰色，蛋黄变黑，有轻度的异味。

劣质咸蛋：生蛋打开后可见蛋清浑浊，蛋黄已大部分融化，蛋清蛋黄全部呈黑色，有恶臭味；煮熟后打开蛋清灰暗或黄色，蛋黄变黑或散成糊状，严重者全部呈黑色，有臭味。

【烹饪用途】常用于滚、蒸、炒、煮等烹调方法，常见的菜式有"咸蛋节瓜汤""双色蒸滑蛋""金沙炒膏蟹"等，驰名海外的"双黄莲蓉月饼"就是选用了优质的咸蛋黄制作而成。

3. 蛋及蛋制品的储存

（1）鲜蛋的储存

鲜蛋储存的基本原则是：维持蛋黄和蛋白的理化性质；尽量保持其原有的新鲜度；阻止微生物侵入蛋内，抑制蛋内细菌的生长繁殖。针对这三条原则采用的措施包括调节储存的温度、湿度，阻塞蛋壳上的气孔，保持蛋内二氧化碳的浓度。具体方法有冷藏法、浸渍法、气调法和涂膜法等。餐饮业中一般不需要长时间储存蛋类，所以用冷藏法较多，将鲜蛋于 3 ~ 5℃的环境中冷藏。冷藏温度过高，易导致胚胎发育，蛋黄扩散，蛋白变稀；温度过低，易造成蛋被冻裂。

由于鲜蛋纵轴的耐压力较横轴强，因此鲜蛋冷藏时应纵向排列，且最好大头向上。此外，蛋能吸收异味，应尽可能不与鱼类等有异味的食品一同存放。

（2）再制蛋的储存

皮蛋在储存时应放在通风、温度不高的地方，厨房内不宜长时间放置大量的皮蛋，以免腐烂变质。

咸鸭蛋虽然不易腐坏，但储存时也要注意防止蛋内失水，咸鸭蛋一旦失水，蛋白就会发黑，咸度增加。对于用不同腌制方法加工的咸鸭蛋，应采取不同的储存方法：用盐水腌制的咸蛋不宜长期浸泡，应取出放在阴凉处；包泥腌制的咸蛋应保持泥皮湿润，并置于阴凉处。以上两种方法可使咸蛋半年内不坏。

小知识

鸡蛋的保健功效

1. 鸡蛋含有丰富的蛋白质、脂肪、维生素和铁、钙、钾等人体必需的矿物质，蛋白质为优质蛋白，对人体肝脏组织损伤有修复作用。

2. 富含DHA和卵磷脂、卵黄素，对神经系统和身体发育有利，能健脑益智，改善记忆力，并促进肝细胞再生。

3. 鸡蛋中含有较多的维生素B和其他微量元素，可以分解和氧化人体内的致癌物质，具有防癌作用。每天吃1～2个鸡蛋，既有利于消化吸收，又能满足机体的需要。

二、奶类原料

奶类原料主要有牛奶、羊奶两类，在饮食业中使用最为普遍的是牛奶。

牛奶中的脂肪营养价值非常高，其中的脂肪球颗粒很小，所以喝起来口感细腻，极易消化。此外，牛奶的脂肪中还含有人体必需的脂肪酸和磷脂。牛奶含有人体生长发育必需的氨基酸，组成人体蛋白质的氨基酸有20种，其中有8种是人体自身不能合成的。牛奶对于人体补充维生素的作用也很大，其中含所有已知的维生素种类，尤其是维生素 A 和维生素 B_2 的含量较高，能弥补人体在膳食中的缺乏，西方人称牛奶是"人类的保姆"。除膳食纤维外，牛奶含有人体所需要的全部营养物质，其营养价值之高，是其他食物无法比拟的。

【品质鉴选】

1. 鲜奶质量的鉴别

鲜奶的新鲜度及质量可用以下几种简易的方法鉴别：

（1）感官鉴别法

新鲜奶（消毒奶）呈乳白色或微黄色，有新鲜牛奶固有的香味，无异味。

（2）观察法

将奶滴入清水中，若化不开，则为新鲜牛奶；若化开，则不是新鲜牛奶。若是瓶装牛奶，只要在牛奶上部观察到稀薄现象或瓶底有沉淀的，都不是新鲜奶。

（3）煮沸试验法

取约10毫升鲜奶样于试管中（或透明玻璃杯中），置沸水中观察5分钟，如有凝结或絮状物产生，则表示牛奶不新鲜或已变质。

【烹饪用途】牛奶在烹调中使用不多，主要用于炒、烩、炸或用于调味，但常用于制作西点，常见的菜式有"大良炒牛奶""双色炒牛奶""杏仁鲜奶露"等。

2. 牛奶的储存

（1）鲜牛奶应放置在阴凉的地方，最好存放在保鲜柜内。

（2）不要让牛奶在阳光下曝晒或灯光照射，因阳光或灯光会破坏牛奶中的多种维生素，同时也会使其失去芳香味。

（3）牛奶要放在冰箱里储存，瓶盖要盖好，以免其他气味串入牛奶里。

（4）储存温度过低对牛奶也有不良影响。当牛奶冷冻成冰时，其品质会受到损害。因此，牛奶不宜冷冻，放入保鲜柜内冷藏即可。

思考与练习

1. 参观禽类批发市场，认识各种禽类原料。
2. 用自己的语言描述宰杀活鸡的操作过程。
3. 试述宰杀各种活禽烫水煺毛的水温要求。
4. 试述禽类原料起肉的加工操作工艺。
5. 试述猪肺、猪脷的初加工方法。
6. 写出牛肉质量的鉴别方法。
7. 写出咸蛋的质量检验方法。
8. 讲述鲜牛奶的质量检验方法。

第六章
干货原料及其涨发加工技术

第一节　干货原料概述

　　干货原料是指将动、植物原料经过晒、晾、烘、熏等脱水干制过程制成的一类烹饪原料。其特点是重量减轻、体积减小，常温下可长时间存放，能产生特殊的风味。

　　烹饪原料干制的方法有烘干、晒干、风干等。烘干的原料脱水率较高，质地较坚硬，涨发时需要较长的时间；晒干的原料比烘干的好些，没那么坚硬；风干的原料脱水率较低，质地松软，营养风味损失少。鲜料干制的目的：

　　（1）防止原料腐败变质，从而能在室温条件下长期储存，以延长原料的供应期，平衡产销高峰，交流各地特产。特别是原料脱水后，重量减轻，便于储存和运输。

　　（2）改变原料本来的质感，并增加风味。

一、干货原料的分类

　　干货原料分植物性干货原料和动物性干活原料两大类，如图6-1所示。

二、干货原料的主要营养成分

　　烹饪原料的营养价值是指原料中所含的营养素种类、数量、相互比例及其能被人体消化、吸收与利用的程度。动物性干货原料虽然蛋白质含量高，但胶原蛋白含量多，蛋白质的利用率不高。水产品类干货原料虽属动物性原料，但脂肪含量低，不含胆固醇或含量很低，在脱水干燥过程中，维生素、脂肪、无机盐等都有不同程度的损失。植物性干货原料如食用菌的蛋白质含量一般在 10% ~ 35%，是膳食中蛋白质的较好来源。植物性干货原料经过干制后，对无机盐、蛋白质等成分影响不大，但维生素损失严重。

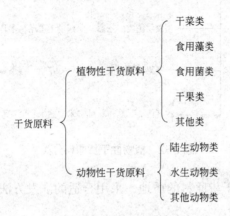

图 6-1　干货原料分类

第二节　植物性干货原料及其涨发加工技术

一、植物性干货原料介绍

植物性干货原料在粤菜制作中占有较重要的地位，既作主料，又作辅料，常是素菜的主要原料，其营养成分主要是蛋白质、氨基酸、碳水化合物、脂肪、维生素、矿物质和膳食纤维。总的来说，植物性干货原料是低脂肪、富含维生素、矿物质和膳食纤维的优质美味食物。植物性干货原料的分类如图 6-2 所示。

二、植物性干货原料涨发加工的原则

（1）了解并熟悉植物性干货原料的种类、性质、产地，涨发加工时做到心中有数，分别对待。

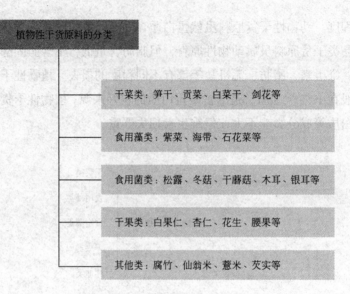

图6-2　植物性干货原料分类

（2）正确判断植物性干货原料的质地，采用合适的涨发方法和涨发时间，提高植物性干货原料的涨发率。

（3）采用正确的涨发方法，使植物性干货原料的营养成分不致受损。

三、植物性干货原料涨发加工的基本方法

植物性干货原料涨发加工的方法有冷水发和热水发两种，如图6-3所示。

图6-3　植物性干货原料涨发加工方法

1. 冷水发

冷水发是将植物性干货原料放入清水中浸泡，使其自然吸水回软的方法。冷水发干货原料主要是利用水的浸润作用，使干货原料吸水膨胀回软，恢复原状。冷水发又分浸发和漂发：

（1）浸发

浸发是将干货原料直接浸没于冷水中，使干货原料自然涨发的一种方法。

浸发的时间长短要根据干货原料的大小、老嫩、干湿程度而定，一般体小质嫩的干货原料可直接用冷水浸至透，如木耳、银耳等。浸发还可以与其他方法配合使用，如笋干的涨发可先用冷水浸泡 3 ~ 4 小时，再用焗发与煲发结合，至笋干涨发回软。

（2）漂发

漂发是将干货原料放在水中，并不时地挤捏或用流水缓缓地冲，以去除原料异味、杂质的一种方法。

2. 热水发

热水发是将干货原料置于热水中，用各种加热方法，使干货原料受热膨胀，由硬变软，恢复原状的一种方法。热水发主要利用热力的作用使干货原料中的蛋白质、纤维素吸水能力增强，使一些较坚硬的、老韧的干货原料迅速回软。热水发又包括以下几种方法：

（1）泡发

泡发是将干货原料放入热水中浸泡，使其变软或直接发透的一种涨发方法。

（2）焗发

焗发是将干货原料放入保温器皿中，加入热水或沸水，保温一定的时间，使干货原料加速吸水涨发回软的一种涨发方法。

（3）煲发

煲发是将干货原料放入煲内加水持续加热，使干货原料吸水回软，并去除其异味的一种涨发方法，如笋干的涨发。煲发前要将干货原料用冷水或热水泡一段时间，必要时可多次换水反复煲，但要掌握好火候，使干货原料的涨发回软程度刚好。

（4）蒸发

蒸发是将干货原料放入器皿中，加入汤水和调味料置蒸气中加热，使干货原料回软的一种涨发方法，如莲子等的涨发。

四、植物性干货原料的选用及涨发加工方法

1. 干菜类

干菜由新鲜的蔬菜直接干制而成，常见的有笋干、白菜干、金针菜、贡菜等。干菜的

特点是含水量少，便于储存、运输，风味独特，但使用前必须经过涨发。

（1）笋干

【品质鉴选】笋干由鲜嫩的竹笋经煮制、压榨、晒干（或烘干）而成。正常的笋干色淡黄或褐黄，有光泽，质嫩，有清新的竹香味（图6-4）。挑选时以质嫩肉厚、干燥、色泽黄、无虫蛀、无霉烂者为佳。笋干是天然低脂、低热食品，还具有低糖、膳食纤维含量高的特点。

图6-4　笋干

【烹饪用途】常用于焖、铁板、卤、扒等烹调方法，常见的菜式有如"黑椒笋干焖鸭""笋干啫猪杂""笋干卤猪蹄""笋干扒圆蹄"等。

【初加工方法】将笋干先用清水浸约10小时，搓洗几遍，再放入冷水锅中，用小火煲约30分钟，取出焗至水冷，换水再煲、漂浸至笋干发透、质爽脆，放入锅中炒干水分即可。

【注意事项】要掌握好涨发的时间，使其涨发至透。

涨发率：200%。

（2）贡菜

【品质鉴选】贡菜又名苔干、响菜、山蜇菜，是安徽涡阳县义门镇的名贵特产，其栽培始于秦，迄今已有2200多年，清乾隆年间曾进贡朝廷，后年年进贡朝廷，故称为"贡菜"。

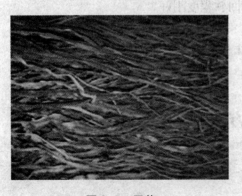

图6-5　贡菜

因其食之有声音，清脆爽口，20世纪60年代被周恩来总理形象地称为"响菜"。贡菜是莴苣属菜茎的脱水蔬菜，色泽鲜绿、质地爽口、味若海蜇（图6-5）。选择贡菜时应以根条均匀、无霉烂、色泽碧绿、干燥者为佳。贡菜含有丰富的蛋白质、果胶、多种氨基酸、维生素和人体必需的钙、铁、锌、钾、钠、磷等多种微量元素及碳水化合物，特别是维生素E含量较高，有"天然保健品，植物营养素"之美称。

【烹饪用途】常用于炒的菜式及凉拌，如"茶树菇贡菜炒肥肠""凉拌贡菜"等。

【初加工方法】将贡菜放入清水中浸约 2 小时至软身，洗净，撕净硬皮，切成长 4 厘米的段，再换水浸泡至全部发透，放入沸水锅中焯水，取出，沥干水分即可。

涨发率：150%。

（3）白菜干

【品质鉴选】白菜干由小白菜用沸水焯熟后晒干而成。挑选时白菜干应有干菜的香气、干爽，以叶色墨绿、梗白肥厚者为质量最好。白菜干含有丰富的粗纤维，可刺激肠胃蠕动，促进大便排泄，有助消化，对预防肠癌有良好效果。

【烹饪用途】主要用于煲汤、炖汤，常见的菜式有"金银菜煲猪肺""雪梨菜干炖白肺"等，也可以用于焖、蒸，常见的菜式有"菜干风味肉排""菜干蒸牛腱"等；还可用于煲粥，常见的菜式有"白菜干咸骨粥"等。

【初加工方法】将白菜干用清水浸泡约 2 小时至回软，洗净泥沙，切去头，切成长 4 厘米的段即可。

涨发率：300%。

（4）剑花

【品质鉴选】剑花又称霸王花、量天尺、风雨花、假昙花，为仙人掌科量天尺属多年生肉质多浆的攀缘草本植物，以花器为蔬，干、鲜的剑花均可入馔。挑选剑花时以花朵大，花叶、花蕊齐全，色泽金黄且干爽者为佳（图 6-6）。剑花具有清热润肺、祛痰止咳、滋补养颜之功效，是极佳的清补汤料。

图 6-6　剑花

【烹饪用途】常用于煲汤或炖汤，常见的菜式有"剑花煲猪肘（踭）""剑花炖猪腱肉"，也可用于扒，常见的菜式有"七星剑花肇庆扣""霸王花罗汉上素"等。

【初加工方法】将剑花用清水浸泡 1 小时，洗净，放入沸水锅中焯水，取出，沥干水分即可。

涨发率：200%。

（5）金针菜

【品质鉴选】金针菜又称黄花菜、安神菜、金萱草等，是百合科植物萱草含苞待放的花蕾或初开的花朵经蒸熟晒干而成（图6-7）。挑选时以色泽浅黄或金黄，条身紧长、均匀粗壮，手感柔软且有弹性，芯尚未开放，无杂物，有清香气味者为质优。金针菜具有显著降低胆固醇的功效，能预防中老年疾病和延缓机体衰老。

图6-7　金针菜

【烹饪用途】常用于蒸、滚、焖，常见的菜式有"金针云耳蒸滑鸡""金针鲜菇胜瓜沙虫汤""金针南乳大肉"等。

【初加工方法】将金针菜用清水浸泡1小时，剪净硬蒂，洗净，放入沸水锅中焯水，取出，沥干水分即可。

涨发率：300%。

2. 食用藻类

（1）紫菜

【品质鉴选】紫菜又称紫英、子菜、膜菜，为红毛菜科叶状藻体植物，通常加工成片状、卷筒状、饼状等，有特殊的海鲜香味，入口柔软爽嫩，主要产于山东、福建、浙江、广东等沿海地区。挑选时以表面有光泽，紫色或紫褐色，片薄而均匀，质嫩体轻，有紫菜的特殊香气，无泥沙、无杂质者为佳。紫菜含碘量很高，可用于治疗缺碘性的甲状腺肿大；紫菜有软坚散结功能，对其他郁结积块也有作用；富含胆碱和钙、铁，能增强记忆；可治疗妇幼贫血，促进骨骼、牙齿的生长；含有一定量的甘露醇，可作为治疗水肿的辅助食品；所含的多糖具有明显增强细胞免疫和体液免疫功能，可促进淋巴细胞转化，提高机体的免疫力；可显著降低胆固醇的总含量。

【烹饪用途】常用于浸、滚的菜式，也可用紫菜铺上鱼胶卷成紫菜鱼卷蒸熟，作拼盘的原料等，常见的菜式有"鱼滑凉瓜皮浸紫菜""紫菜蛋花汤"等。

【初加工方法】将紫菜用清水浸泡 1 小时，洗净泥沙杂质，沥干水分即可。

涨发率：500%

（2）海带

【品质鉴选】海带别名海草、海带菜、海带草，其叶片似宽带，梢部渐窄，一般长 2 ～ 4 米，宽 20 ～ 30 厘米。挑选时以干燥、深褐色或黑褐色，上附白色粉状盐渍，叶片厚实、完整、无破损者为佳。海带是一种含碘量很高的海藻，可作为防治甲状腺肿大的食品；海带中的岩藻多糖对抑制大肠癌有明显作用，海带中的海带氨酸有降压作用，海带中的多糖有降血脂作用。

【烹饪用途】主要用于煲，也可用于凉拌，常见的菜式有"海带排骨汤""海草昆布煲猪腱""海带绿豆糖水""凉拌海带三丝""麻辣海带丝"等。

【初加工方法】将海带放入清水中浸泡约 2 小时，洗去泥沙和黏液，去掉根柄部，剪成段，再换水浸泡至软透、有弹性即可。

涨发率：500%。

（3）石花菜

【品质鉴选】石花菜又名海冻菜、红丝、凤尾，是红藻的一种，通体透明，犹如胶冻，口感爽利脆嫩，既可拌凉菜，又能制成凉粉，还是提炼琼脂的主要原料。挑选时以枝体粗壮、无霉斑、干燥者为佳（图 6-8）。石花菜可以润滑肠道，缓泻通便，同时兼有凉血止血之效。石花菜含有丰富的矿物质和多种维生素，尤其是它所含的褐藻酸盐类物质具有降压作用，所含的淀粉类硫酸脂为多糖类物质，具有降脂功能，对高血压、高血脂有一定的防治作用。

图 6-8　石花菜

【烹饪用途】主要用于凉拌，常见的菜式有"凉拌石花菜"等。

【初加工方法】将石花菜先用 40 ～ 50℃的温热水浸泡 2 小时，然后用清水洗净，除去石花菜根部的杂质和珊瑚碎片即可。

【注意事项】石花菜食用前应用开水焯过，但不可久煮，否则石花菜会碎掉。凉拌时可适当加些姜末或姜汁，以缓解其寒性。

涨发率：350%。

3. 食用菌类

（1）松露

【品质鉴选】松露又称地菌、块菰、块菌，是一种多生长在松树、栎树、橡树下，一年生的天然真菌类植物。松露子实体块状，小者如核桃，大者如拳头（图6-9）。初生时内部白色，质地均匀，成熟后变为深黑色，有色泽较浅的大脑状纹理。松露大约有十几个品种，其中以白松露、黑松露最美味。松露含有丰富的蛋白质、不饱和脂肪酸、多种维生素和锌、锰、铁、钙、磷、硒等微量元素，以及鞘脂类、脑苷脂、神经酰胺、雄性酮、腺苷、松露酸、甾醇、松露多糖、松露多肽等大量的代谢产物，具有极高的营养保健价值。"东方补虫草，西方吃松露"说明了松露在食疗中的地位。人类食用松露已有2 000多年的历史，其中以法国、意大利、西班牙最为盛行。在欧洲鲜食松露时，先用特殊的切片器将新鲜黑松露切成极薄的薄片，然后与黄油、意大利干奶酪一起撒在宽面条或意大利空心粉上。法国传统的食用方法是用松露煎蛋，将鲜松露切成小丁块放入鸡蛋中搅拌均匀，放置过夜使松露的味道充分进入鸡蛋液中，然后常规煎炒即可。

【烹饪用途】常用于炖、烩、煎、炒、煲，常见的菜式有"松露炖螺头""花胶炖松露""松露煎石斑鱼""新派松露炒桂花翅""松露花枝卷"等。

【初加工方法】将松露用温水浸泡至透即可。

涨发率：150%。

图6-9　松露

小知识

松露

在中国云南的山区里，松露生长在松花粉能覆盖的地方，因其土壤中要含有铜、铁成分。另外，松露的生长与地形、山势变化、温度密切相关，在温度高的地方，它就会生长在背阴的地方，在温度低的地方，它就一定向阳生长。松露的品质标准很有讲究，直径 3 厘米以上的是"好货"，小于 3 厘米的是"小货"，超过 5 厘米的就可以称为"上品"了。

（2）冬菇

【品质鉴选】冬菇又名香菇、香蕈，为真菌植物门真菌香蕈的子实体，属担子菌纲伞菌科，是常用食用菌之一。冬菇菌盖伞形，直径 3 ~ 6 厘米，表面呈黄褐色或黑褐色，菌褶白色，菌柄黄色，由于其体内含有的特殊物质——香菇精，烘干或晒干后能散发出一种特殊的香味，故得名。烹饪中常用的冬菇有以下几种，见表 6-1。

表 6-1 冬菇分类

名称	产地	特征	图片
花菇	产于日本	菇伞面有似菊花一样的白色裂纹，其色泽黄褐而光润，菌伞厚实，边缘下卷，菌裥细密匀整，身干，朵小柄短（菌伞直径 1.5 ~ 3 厘米为标准），香气浓郁。挑选时以大小均匀、干燥、香味浓、菇肉厚、菇盖外表有化纹和白霜者为好	
北菇	产于广东北江一带，以韶关、南雄出产为佳	伞顶面无花纹，呈栗色并略有光泽，肉厚质嫩，朵稍大，边缘破裂较多。挑选时以菌盖直径 4 ~ 6 厘米，边缘内卷呈扁馒头或铜锣状，皱褶小而少者为佳品	
香信	国内各地	由过度生长的冬菇采摘干制而成，香信肉较薄，带韧，有香味，质量比花菇差，但作肉类的配菜也美味可口，且价格便宜，经济实惠	
红菇	多产于我国辽宁、江苏、福建、广西、四川、云南等地	属真菌植物门弹子菌纲伞菌目红菇科，是一种与槠、栲等树木的根系共生的菌根真菌，干燥后深觅菜红色、鲜或暗紫红色，菌肉白色，味道柔和	

【烹饪用途】冬菇既可作菜肴的主料也可作辅料，常用于焖、扒、炖、蒸等烹调方法，常见的菜式有"冬菇焖鸡""冬菇扒菜胆""百花酿冬菇""花菇扣鹅掌""香露炖花菇""冬菇蒸滑鸡"等。

【初加工方法】将冬菇用清水浸泡约40分钟至回软，剪蒂洗净即可。浸泡时间视冬菇的大小、厚薄而定。

涨发率：300% ~ 350%。

（3）干蘑菇

【品质鉴选】干蘑菇又称口蘑，常见的有白蘑、青蘑、黑蘑和杂蘑等。其子实体伞状，白色，半球形至平展，白色，光滑，初期边缘内卷；菌肉白色，厚；菌褶白色，稠密，弯生不等长；菌柄粗壮，白色，长3.5 ~ 7厘米，粗1.5 ~ 4.6厘米，内实，基部稍膨大，质细具香气，味鲜美。挑选时以个体均匀，菌肉肥厚，菌伞直径3厘米左右，菌伞边沿完整紧密，菌柄短壮者为佳。蘑菇中含有植物固醇类物质——香菇素，具有降血脂、保护心脑血管的作用；还含有抗菌因子，能抑制葡萄球菌、大肠杆菌的生长；含有多糖成分，对治疗白细胞减少症和传染性肝炎也有很好的辅助作用；所含的大量植物纤维，具有防止便秘、促进排毒、预防糖尿病及肠癌、降低胆固醇含量的作用。

【烹饪用途】常用于焖，常见的菜式有"蘑菇焖鸡""鼎湖上素""三鲜锅仔浸蘑菇"等。

【初加工方法】先将干蘑菇放入冷水中泡30分钟，刷去盖及柄上的泥沙、杂质，剪去根蒂，再放入温水中浸至完全回软即可。

涨发率：250%。

（4）猴头菇

【品质鉴选】猴头蘑又称猴头菌、猴头蘑、刺猬菌等，是一种生长在密林中的珍贵食用菌，其子实体圆而厚，呈扁半球形或头状，常悬于树干上，柄部布满肉质针状菌刺，形状极似猴子的头，故得名（图6-10）。挑选时以个头均匀，色泽艳黄，质嫩肉厚，菌刺完整，干燥，无虫蛀、无杂质者为好。猴头菇是一种高蛋白、低脂肪、富含矿物质和维生素的优良食品，其所含不饱和脂肪酸，利于血液循环，能降低血胆固醇含量，具有提高人体免疫力的功能；可延缓衰老，抑制癌细胞中遗传物质的合成，从而预防和治疗消化道癌症和其他恶性肿瘤，对胃溃疡、十二指肠溃疡、胃炎等消化道疾病也有一定疗效。

【烹饪用途】常用于煲、炖、扒、焖、烩等烹调方法，常见的菜式有"猴头菇煲竹丝鸡""猴头菇炖乳鸽""鲍汁猴头菇鹅掌""猴头菇焖山猪""猴头菇烩海参"等。

图6-10　猴头蘑

【初加工方法】将猴头菇放入温水（冬季用开水）中浸透泡软，洗净泥土及黏附的杂质，摘去菌蒂，剪去刺尖，挤干水分，用清水反复漂洗，沥干水分，置盆中用清水浸泡备用。

【注意事项】

1）涨发时宜先用清水泡软，再用砂锅或铝锅加水，微火煮软即可。

2）猴头菇要反复漂洗，并滚煨过，以去净其体内的异味。

涨发率：180%。

（5）木耳

【品质鉴选】木耳包括黑木耳、云耳，属担子菌纲木耳目木耳科，生长于栎、杨、榕、槐等120多种阔叶树的腐木上，单生或群生，目前人工培植以椴木的和袋料的为主。黑木耳色黑身硬脆，云耳色赭身较柔。木耳主要分布于黑龙江、吉林、福建、台湾、湖北、广东、广西、四川、贵州、云南等地。质量好的干木耳色泽黑褐，质地脆硬。木耳口感细嫩、味道鲜美，耳片乌黑光润，背面呈灰白色，片大均匀，耳瓣舒展，体轻干燥，半透明，胀性好，无杂质，有清香气味（图6-11）。木耳不但能为菜肴大添风采，而且能防治贫血、养血驻颜、祛病延年，还能增强人体免疫力，经常食用还具有一定的抗癌和治疗心血管疾病功能。

图6-11　木耳

【烹饪用途】常用于炒、蒸、烩等烹调方法及凉拌，常见的菜式有"香芹木耳炒腰花""鱼青酿云耳""西芹百合酿云耳""云耳红枣滑鸡""三丝烩鱼肚""老醋凉拌云耳"等。

【初加工方法】将木耳用冷水或温水浸泡至回软后，剪去耳柄，清除杂质，再用清水浸泡备用即可。发好的木耳表面光滑无皱褶，具有良好的弹性和韧性。

涨发率：550%。

（6）银耳

【品质鉴选】银耳也称白木耳、雪耳，属真菌类银耳科。银耳实体纸白至乳白色，胶质，半透明，柔软有弹性，由数片至 10 余片瓣片组成，形似菊花、牡丹或绣球，直径 3～15 厘米，干后收缩，角质，硬而脆，白色或米黄色（图 6-12）。银耳主要分布于浙江、福建、江苏、江西、安徽等十几个省份，夏秋季生于阔叶树的腐木上，国内人工栽培使用的树木为椴木、栓皮栎、麻栎、青刚栎、米槠等。挑选时以耳花大而松散，耳肉肥厚，色泽呈白色或略带微黄，蒂头无黑斑或杂质者为佳。银耳有润肺、止咳、生津、强身补气、养颜嫩肤的功效，其所含膳食纤维可助胃肠蠕动，减少脂肪吸收。

图 6-12　银耳

【烹饪用途】常用于制作汤菜，常见的菜式有"银耳牛肉羹""红枣银耳炖冰糖""燕窝银耳羹"等；也可用于炒，常见的菜式有"银耳炒滑蛋"等。

【初加工方法】将银耳用清水浸泡约 2 小时，剪去蒂头，洗净，放入沸水中焗至透身即可。

【注意事项】颜色过白的银耳含有二氧化硫，主要来自"硫黄熏蒸"这种传统的银耳漂白加工工艺。硫黄燃烧产生的二氧化硫具有漂白作用，二氧化硫遇水则形成亚硫酸盐，亚硫酸盐不仅会引发支气管痉挛，还会在人体内转化成一种致癌物质——亚硝胺，同时会产生酸味，因此涨发银耳时要用沸水泡、焗，以去除其二氧化硫味。

涨发率：600%。

（7）黄耳

【品质鉴选】黄耳又称金耳，为真菌植物门真菌黄耳的子实体，呈不规则形，似脑状，全体金黄色，宽 2～7 厘米，高 2～3 厘米，干制成块状，水发后像桂花，产于福建、四川、云南、西藏等地。挑选时以朵大、金黄色、无杂质、无虫蛀、带鲜香味者为佳（图 6-13）。黄耳含有蛋白质、脂肪、碳水化合物、矿物质、维生素、胶质等营养成分，有提高人体代谢机能、抑制肿瘤细胞生长的功效。

【烹饪用途】常用于各种素菜及炒菜的配料，也可用于制作甜菜，常见的菜式有"鼎湖

图6-13　黄耳

上素""木瓜炖黄耳"等。

【初加工方法】将黄耳先用清水浸泡约8小时至透身，取出洗净，再用清水浸泡备用即可。

涨发率：850%。

（8）榆耳

【品质鉴选】榆耳柔软，中型，无柄，片状，浅黄色、黄色、浅橘黄色至桃红色，背面有污白色至土黄色的茸毛层，菌肉浅橘红色，晶莹明亮（图6-14）。耳片的大小多在3～15厘米，厚1～3厘米，分布于黑龙江、吉林、辽宁等地。挑选时以色泽金黄、厚身、质嫩而脆者为上品。榆耳是一种珍贵的食用兼药用真菌，富含蛋白质、多种维生素和人体必需的各种氨基酸，味道鲜美，营养丰富。榆耳还含有多糖等抗菌物质，可有效提高人体免疫力。

图6-14　榆耳

【烹饪用途】常用于各种素菜及炒菜的配料，常见的菜式有"鼎湖上素""榆耳炒鲜螺片"等。

【初加工方法】将榆耳先用清水浸泡7～8小时至透身，取出，剪蒂、洗净，再用清水浸泡备用即可。

涨发率：700%。

（9）竹荪

【品质鉴选】竹荪又名竹笙、竹菌等，是云南省的一种名贵食用菌，是寄生在苦竹根部的一种隐花菌类，形状略似汽灯纱罩，有深绿色的菌帽，雪白色圆柱状的菌柄，粉红色的蛋形菌托，在菌柄顶端有一围细致洁白的网状裙从菌盖向下铺开，绚烂夺目，美丽宜人，被称为真菌之花（图6-15）。竹荪有天然竹荪和人工培植的竹荪两种。天然竹荪以赤白色为佳，长短参差不齐，菌身纱网结实而细致，菌裙短但裙网粗，浸发后不易烂，同时带有草的幽香，嚼之爽脆。人工培植的竹荪色白，菌身长而润、薄而松，菌裙长而疏，浸发后菌裙自动脱落，带有咸酸菜味，爽中带软。竹荪含有多种氨基酸、维生素、无机盐等，具有滋补强壮、益气补脑、宁神健体的功效；竹荪的有效成分可补充人体必需的营养物质，提高人体的免疫抗病能力；具有特异的防腐功能，夏日加入竹荪烹调的菜、肉多日不会变馊。

图6-15　竹荪

【烹饪用途】常用于扒、烩、汤泡等烹调方法，常见的菜式有"竹荪浸虾丸""竹荪冬瓜盅""百花酿竹荪""蛤士蟆扒竹荪"等。

【初加工方法】将竹荪剪去少许头部及尾部的花，用淡盐水浸泡2小时至涨透，用生粉洗去异味，洗净泥沙，放入沸水中焯水，取出，压干水分即可（图6-16）。

图6-16　水发竹荪

【注意事项】竹荪干品烹制前应先用淡盐水泡发，并剪去菌盖头（封闭的一端），否则会有怪味，最好用上汤煨入味备用。

涨发率：450%。

（10）虫草花

【品质鉴选】虫草花学名蛹虫草，是一种菌类，为子囊菌亚门麦角菌目麦角菌科虫草属。虫草花只是南方地区人们对其的特殊称谓。为了与冬虫夏草区别开来，聪明的商家给它起了个美丽的名字——"虫草花"。虫草花呈美丽的金黄色，外观最大的特点是没有虫体，只有橙色或黄色的"草"（图6-17）。挑选时以个头大，头部的子实体多、完整、饱满，气味清香，颜色自然者为佳。虫草花含有多种营养成分，有滋肺补肾护肝、抗氧化、防衰老的功效，可调节人体免疫力，养生之余可强身健体。

图6-17　虫草花

【烹饪用途】常用于制作汤菜，如"虫草花炖螺头""虫草花煲老鸽""虫草花胜瓜浸猪肚""虫草花浓汤浸鲈鱼"等；也可用于蒸的菜式，如"虫草花蒸甲鱼""虫草花云耳炒鲜淮山"等。

【初加工方法】将虫草花用清水浸泡约1小时至透，洗净即可。

涨发率：150%。

（11）羊肚菌

【品质鉴选】羊肚菌的子实体较小或中等，菌盖为不规则圆形或长圆形，长4～6厘米，宽4～6厘米（图6-18）。表面有许多凹坑，似羊肚状，淡黄褐色，柄白色，长5～7厘米，宽粗2～2.5厘米，有浅纵沟，基部稍膨大，生长于阔叶林地及路旁，单生或群生，产于云南丽江地区。挑选时以个头均匀、无杂质者为佳。羊肚菌含粗蛋白20%、粗脂肪26%、碳水化合物38.1%，还含有多种氨基酸，特别是谷氨酸含量高达1.76%，是蛋白质的良好来源，有"素中之荤"的美称。羊肚菌富含抑制肿瘤的多糖及抗菌抗病毒的活性成分，具有增强人体免疫力、抗疲劳、抗病毒、抑制肿瘤等诸多作用。

图 6-18　羊肚菌

【烹饪用途】常用于炖，常见的菜式有"羊肚菌炖鸡"等。

【初加工方法】发羊肚菌很有技巧，不能用开水，也不能用冷水，要用 40 ~ 50℃的温水，这种水温既能保证羊肚菌的香味散发出来，又不会破坏羊肚菌的口感。水的量要适度，以刚刚浸没菌面为宜，大约 20 分钟后水变成酒红色，羊肚菌完全变软即可捞出洗净备用。

【注意事项】发菌用的酒红色原汤经沉淀泥沙后要用于烧菜，切记这酒红色的原汤是羊肚菌味道和养分的精华所在。

涨发率：300%。

（12）鸡枞菌

【品质鉴选】鸡枞菌为白蘑科植物鸡枞的子实体（图 6-19），仅西南、东南少数几个省及台湾的一些地区出产，是云南的著名特产。鸡枞菌以黑皮和青皮最好，其次是白皮、花皮、黄皮、土堆鸡枞、鸡枞花。鸡枞菌含人体必需的氨基酸、蛋白质、脂肪、各种维生素和钙、磷、核黄酸等物质，其中含氨基酸多达 16 种，含蛋白质 49.2%、脂肪 8.5%、碳水化合物 10.8%、灰分 3.9%，每 100 克鸡枞菌含钙 36.8 毫克、含磷 15.0 毫克。含磷量高是鸡枞菌的一大特点，人体需要补充磷时，可常吃鸡枞菌。

图 6-19　鸡枞菌

【烹饪用途】鸡枞菌滋味鲜美，吃法很多，可单料成菜，还可与蔬菜、鱼肉及各种山珍海味搭配成菜，常用于炒、炸、拌、烩、焖、清蒸等烹调方法或做汤，常见的菜式有"三丝烩鸡枞菌"等。

【初加工方法】将鸡枞菌用温水浸泡约1小时，洗净泥沙，将伞帽与菌干分开，切成块状即可。

涨发率：300%。

（13）鸡油菌

【品质鉴选】鸡油菌为真菌植物门真菌鸡油菌的子实体干制品。其子实体肉质，喇叭形，杏黄色至蛋黄色，菌盖宽3～9厘米，后下凹（图6-20）。鸡油菌是世界著名的四大名菌之一，有时也称其为杏菌或杏黄菌，我国主要分布于福建、湖南、广东、四川、贵州、云南等地。挑选时以菌肉蛋黄色、香气浓郁者为佳。鸡油菌含有丰富的胡萝卜素、维生素C、蛋白质及钙、磷、铁等营养成分，常食可预防视力下降、眼炎、皮肤干燥等症。

图6-20 鸡油菌

【烹饪用途】常用于炖、滚、蒸、焖等烹调方法，常见的菜式有"鸡油菌蒸鸡""鸡油菌焖鸭"等。

【初加工方法】将鸡油菌用开水泡发至软，去除杂质及根，洗净即可。

涨发率：300%。

4. 干果类

（1）白果仁

【品质鉴选】白果仁又称银杏果，是银杏的种仁，其外观为核果状，外种皮肉质，中种皮骨质，内种皮膜质，内有种仁。中国的银杏主要分布于山东、浙江、江西、安徽、广西、湖北、四川、江苏、贵州等省。挑选时以粒大饱满、洁白光亮、壳坚实、无破烂霉变者为最佳（图6-21）。白果仁具有通畅血管、改善大脑功能、延缓大脑衰老、增强记忆力、治疗老年痴呆症和脑供血不足等功效。除此之外，

图6-21 白果仁

白果还可以保护肝脏、减少心律不齐、防止过敏反应中致命性的支气管收缩。

【烹饪用途】常用于焖、煲、炒、炖、烩、浸等烹调方法，常见的菜式有"白果鸡丁""白果腐竹煲猪腱""白果胡椒浸猪肚""银杏蚬鸭煲""羔烧白果"等。

【初加工方法】将去壳的白果肉放入120℃的油中稍炸，取出放入沸水锅中焯水，除去薄衣，放入清水中漂浸至无苦味，取出去心即可。

【注意事项】

1）每次吃白果不宜过多。

2）为防止中毒，一定要把白果煮至熟透，并漂浸至无苦味才可用于烹饪。

（2）杏仁

【品质鉴选】杏仁是植物杏的内核去掉硬壳所得的种仁，分为甜杏仁和苦杏仁两种，甜杏仁可作为休闲小吃，也可用于烹制菜肴；苦杏仁一般用来入药，并有微毒，不宜多吃。杏仁呈心脏形，略扁，顶端尖，基部钝圆，左右不对称；皮棕红色或暗棕色，表面有细微皱纹；具有特殊的清香味，略甘苦（图6-22）。挑选时以身干、颗粒完整均匀、无杂质、无虫蛀、无异味者为最佳。我国黄河以北地区，以河北、辽宁、内蒙古、山西、山东、北京为主要产区。杏仁含有丰富的单不饱和脂肪酸，有益于心脏健康；含有维生素E等抗氧化物质，能预防疾病和早衰；具有润肺、止咳、滑肠等功效。甜杏仁能促进皮肤微循环，使皮肤红润光泽，具有美容的功效。

图6-22　杏仁

【烹饪用途】常用于炖、煲、炒等烹调方法，常见的菜式有"杏仁菜干煲猪肺""杏仁炒鸡丁"等。

【初加工方法】

1）用于煲、炖：将杏仁用清水洗净，浸泡30分钟，放入沸水中滚过即可。

2）用于炒：先将杏仁放入盐水中滚约1分钟，取出，沥干水分，再用小火将油烧至90℃，放入杏仁炸至透身、酥脆，色泽浅金黄，捞起，滤去油，摊放于托盘上，晾凉即可。

【注意事项】杏仁必须加热煮沸，减少以至消除其中的有毒物质。

（3）夏果

【品质鉴选】夏果又称夏威夷果，是一种原产于澳洲的树生坚果，其外果皮青绿色，内果皮坚硬，呈褐色，单果重 15 ~ 16 克，果仁大，颗粒饱满细腻，果仁香酥、滑嫩可口，有独特的奶油香味，是世界上品质最佳的食用果之一，有"干果皇后""世界坚果之王"之美称（图 6-23）。挑选时以粒大完整、均匀干燥、壳薄、仁肉饱满、无异味者为最佳。夏果含有丰富的钙、磷、铁、维生素 B_1、维生素 B_2 和氨基酸，夏果含油量高达 60% ~ 80%，还富含单不饱和脂肪酸，不仅有调节血脂血糖作用，还可有效降低总胆固醇和低密度脂蛋白胆固醇的含量。

图 6-23 夏果

【烹饪用途】夏果除了制作干果外，还可用于制作高级糕点、高级巧克力、高级食用油等，也常用于制作炒的菜式，如"雀巢夏果带子""夏果西芹炒百合""夏果炒鲜贝"等。

【初加工方法】将夏果放入沸水中焯水，取出，沥干水分，将油烧至 90℃，放入夏果炸至浅金黄色，捞起滤去油，摊放于托盘中即可。

【注意事项】

1）夏果含脂肪高，易氧化变味，应注意储存。

2）炸时要控制好油温。

（4）花生

【品质鉴选】花生又称长生果，全国各地均有栽种，以黄河中下游最多。花生荚果呈长椭圆形，皮壳草质，具凸起网脉，色泽近黄白，硬而脆，易剥落。果肉含种子（花生仁）1 ~ 4 粒，呈长圆形或近球形，外有红色或淡红色膜衣，种仁呈白色，质脆嫩，味甘而香醇。挑选时以颗粒均匀、干爽、饱满，味微甜、无霉烂者为最佳。花生仁具有很高的营养价值，内含丰富的脂肪和蛋白质。据测定，花生的脂肪含量为 45% 左右，蛋白质含量为 24% ~ 36%，糖含量为 20% 左右，并含有硫胺素、核黄素、烟酸等多种维生素，矿物质含量也很丰富，特别是含有人体必需的氨基酸，有促进脑细胞发育、增强记忆的功效。

【烹饪用途】常用于炒、煲、焖的菜式，如"花生炒肉丁""花生炒田鸡""花生莲藕煲排骨""花生焖猪尾"等，也可用于炸、煮，如炸花生、煮花生可作餐前小菜。

【初加工方法】

1）用于煲、焖的：将花生洗净，用水浸泡 30 分钟即可。

2）用于炒的配菜或小食，一般要先炸至酥脆，具体方法是：先把花生仁放入盐水中滚约 1 分钟，取出，沥干水分。用小火将油烧至 90℃，放入花生仁浸炸至酥脆、色泽浅金黄，捞起，滤去油，摊放于托盘上，晾凉即可。

【注意事项】花生仁很容易受潮变霉而产生黄曲霉毒素，因此不可选用发霉的花生仁。

（5）腰果

【品质鉴选】腰果是腰果树的果实，中国海南和云南有种植，为世界四大坚果（其他三种是核桃、杏仁和榛子）之一。挑选时以外观呈完整月牙形，色泽白，饱满，气味香，油脂丰富，无虫蛀、无斑点，无碎粒、无异味，干爽者为佳（图 6-24）。腰果的蛋白质含量达 21%，含油率达 40%；腰果含丰富的维生素 A，是优良的抗氧化剂；腰果中维生素 B_1 的含量仅次于芝麻和花生，有补充体力、消除疲劳的功效，适合易疲倦的人食用；腰果还可以润肠通便、润肤美容、延缓衰老。腰果含的脂肪酸主要是不饱和脂肪酸，其中油酸占不饱和脂肪酸的 90%，亚油酸仅占 10%，因此，腰果与其他富含亚油酸的坚果相比，酸败的可能性较小。

图 6-24　腰果

【烹饪用途】常用于炒的配菜及小食，如"腰果炒虾仁""双果西芹炒百合"等。

【初加工方法】用于炸腰果：先将腰果放入盐水中滚约 1 分钟取出，沥干水分；用小火将油烧至 90℃，放入腰果浸炸至酥脆、色泽浅金黄时捞起，滤去油，摊放于托盘上，晾凉即可。

【注意事项】腰果应存放于密封罐中或放入冰箱冷藏储存，以防产生"油哈喇"味，影响其质量。

（6）松子仁

【品质鉴选】松子仁又称松子、海松子等，是松科植物红松的种子仁，也称为松仁。松子仁形状为倒三角锥形或卵形，外包木质硬壳，壳内为乳白色果仁，果仁外包一层薄膜，味甘香浓郁（图6-25）。松子盛产于东北、西南、西北等地区，尤以东北出产最多、最好。挑选时以粒大完整、均匀干爽、仁肉饱满、色白、无异味、碎粒少者为最佳。松子仁的营养价值很高，在每百克松子肉中，含蛋白质16.7克，脂肪63.5克，碳水化合物9.8克以及矿物质钙、磷、铁和不饱和脂肪酸等营养物质。松子仁内含有大量的不饱和脂肪酸，常食松子仁可强身健体，特别对年老体弱、腰痛、便秘、眩晕、小儿生长发育迟缓均有疗效，松子仁被视为"长寿果"。

图6-25　松子仁

【烹饪用途】常用于作炒制菜肴的配菜及炸制小食，如"松子仁炒香粟""炸松子仁"等。

【初加工方法】用于炸松子仁：将松子仁洗净，沥干水分，放入60℃的油中，用小火炸至浅金黄色，捞起，滤去油，摊放于托盘中，晾凉即可。

【注意事项】松子仁容易抢火，炸时油温不能高。

（7）核桃仁

【品质鉴选】核桃仁又称胡桃仁，为胡桃科植物胡桃干燥成熟的种子，核桃果实近球形，果皮坚硬，有浅皱褶，呈黄褐色，其种仁为不规则的块状，由四瓣合成，皱缩多沟，凹凸不平，有棕褐色的薄膜状皮，不易剥落（图6-26）。核桃全国各地均有栽种，主要产地为北方各省及西南地区。挑选时以个大壳薄、肉质肥厚、色泽黄白、光泽清新、含油量高、无霉变虫蛀者为佳。核桃仁中的磷脂对脑神经有良好的保健作用；核桃仁中含有不饱和脂肪酸，有防治动脉硬化的功效；核桃仁中还含有锌、锰、铬等人体不可缺少的微量元素，人体在衰老过程中锌、锰的含量日渐降

图6-26　核桃仁

低，铬有促进葡萄糖利用、胆固醇代谢和保护心血管的功能。经常食用核桃仁，既能健身体，又能抗衰老。

【烹饪用途】常用于炒、炖、煲、焖、炸等烹调方法，常见的菜式有"核桃仁炒鸡丁""核桃仁羊肉汤""琥珀核桃仁"等。

【初加工方法】

1）用于煲、炖、焖：将核桃仁直接放入水中加热至沸，焗一定时间后取出，搓去外衣即可。

2）用于炒的配菜或小食，一般要炸至酥脆，具体方法是：将已去外衣的核桃仁放入盐水中滚约1分钟，取出，沥干水分，用小火将油烧至90℃，放入核桃仁浸炸至酥脆、色泽浅金黄，捞起，滤去油，摊放于托盘上，晾凉即可。

【注意事项】核桃仁有层外衣，带苦涩味，会影响菜肴的质量，所以必须去除。

（8）莲子

【品质鉴选】莲子为睡莲科多年生水生草本植物莲干燥成熟的种子，主产于湖南、福建、江苏、浙江等地。挑选时以淡黄色、干身、大粒、饱满者为佳（图6-27）。莲子含有可以构成人体骨骼和牙齿的成分，有促进凝血，使某些酶活化，维持神经传导性、镇静神经、维持肌肉的伸缩性和心跳节律等作用，对治疗神经衰弱、慢性胃炎、消化不良、高血压等也有一定功效。中老年人特别是脑力劳动者经常食用莲子，可以健脑，增强记忆力，提高工作效率，并能预防老年痴呆症的发生。

【烹饪用途】常用于煲、炖、焖的菜式，如"莲子八宝鸭""银耳莲子糖水"；也常用于作菜点馅料。

【初加工方法】将莲子洗净，用清水浸泡2小时，换沸水焗至能去衣，搓去莲衣，去掉莲心，即可使用。

图6-27 莲子

（9）栗子干

【品质鉴选】栗子干为壳斗科栗属的种仁晒干而成，全国各地均有栽种，以华北地区生产最多。板栗呈球形，坚果深褐色，果肉附一层浅褐色薄膜，其肉黄色（图6-28）。挑选时以果实饱满，颗粒均匀，色泽深，肉甜、味浓厚，干爽者为最佳。栗子中不仅含有大量的淀粉，还含有丰富的蛋白质、脂肪、维生素等多种营养成分，其维生素 B_2 的含量至少是大米的 4 倍，每 100 克栗子肉含 24 毫克维生素 C，丰富的维生素 C 能维持牙齿、骨骼、血管的正常功用，可预防和治疗骨质疏松，腰腿酸软。

图6-28　栗子

【烹饪用途】常用于焖、煲汤、炖汤及制作点心，常见的菜式有"栗子焖鸡"等。

【初加工方法】将栗子干放入烘炉中稍加热取出，去壳、去栗衣，再用温水浸泡至透身即可。

（10）黄豆

【品质鉴选】黄豆为豆科大豆属一年生草本植物。挑选时以颗粒鲜艳有光泽、饱满且整齐均匀，无破瓣、无缺损、无虫蛀、无霉变、无挂丝，干燥者为最佳。黄豆的蛋白质含量高达 40% 左右，最优质的可达 50% 左右，相当于瘦猪肉的 2 倍多，鸡蛋的 3 倍。黄豆蛋白质的氨基酸组成比较接近人体所需要的氨基酸，属于完全蛋白，其中赖氨酸含量较多，每 100 克黄豆中约含铁 35.8 毫克，含磷 418 毫克，还含有维生素 A、维生素 B_1、维生素 B_2、维生素 D、维生素 E 等。黄豆不含胆固醇，并可以降低人体胆固醇，减少动脉硬化的发生，预防心脏病。

【烹饪用途】常用于焖、煲、炖、浸、卤等烹调方法，常见的菜式有"黄豆焖猪蹄""黄豆炖凤爪""凉瓜黄豆煲排骨"等。

【初加工方法】将黄豆洗净，用清水浸泡 2 小时至透即可。

（11）绿豆

【品质鉴选】绿豆是一种豆科蝶形花亚科豇豆属植物。挑选时以籽粒饱满、均匀，很少破碎，无虫，不含杂质，味清香者为佳。绿豆含有丰富的营养素，有增进食欲、降血脂、降低胆固醇、抗过敏、解毒、保护肝脏的作用。

【烹饪用途】常用于煲、炖等烹调方法，常见的菜式有"绿豆海带煲排骨""绿豆炖乳鸽"等；绿豆也常用于制作点心馅类和制作甜菜。

【初加工方法】将绿豆洗净，用清水浸泡 1 小时至透即可。

（12）红腰豆

【品质鉴选】红腰豆原产于南美洲，因其外形酷似动物的肾脏而得名（图6-29），虽然名为红腰豆，但颜色从深红色到栗色都有，味甜，口感粉绵。红腰豆是豆类中营养较为丰富的一种，含丰富的维生素 A、维生素 B、维生素 C 及维生素 E，也含丰富的抗氧化物、蛋白质、植物纤维及铁、镁、磷等多种营养素，有补血、增强免疫力、帮助细胞修补及防衰老等功效。最值得一提的是它不含脂肪但含膳食纤维，能帮助降低胆固醇及控制血糖。

图 6-29　红腰豆

【烹饪用途】常用于制作沙拉，也用于煮有味饭、烧咖喱或做蔬菜浓汤等，还用于煮、焖、煲等菜式，如"红腰豆煮鲜鲍""红腰豆焖猪手""莲藕腰豆煲猪尾"等菜肴。

【初加工方法】将红腰豆洗净，用清水浸透，放入沸水锅中烹煮至透即可。

【注意事项】红腰豆所含的植物血球凝集素会刺激消化道黏膜，因此必须煮至熟透。

5. 其他类

（1）腐竹、腐皮

【品质鉴选】腐竹、腐皮是大豆磨浆烧煮后，凝结干制而成的豆制品（图6-30）。腐竹是从锅中挑皮、扽直，卷成杆状，经烘干制成；腐皮是从锅中挑皮呈片状，烘干制成。腐竹以颜色浅麦黄，有光泽，粗细均匀，干燥，折之易断，外形整齐者为质佳；腐皮以皮薄透明，有光泽，平滑完整者为质优。腐竹、腐皮是豆制品中的高档食品，营养价值很高，被人们誉为"素中之荤"。腐竹、腐皮中含有丰富的蛋白质，含有的卵磷脂可除掉附着在血管壁上的胆固醇，防止血管硬化，预防心血管疾病，保护心脏；同时，腐竹、腐皮还含有多种矿物质，可补充人体钙质，防止因缺钙引起的骨质疏松，促进骨骼发育，对小儿的骨骼生长极为有利；腐竹、腐皮还含有丰富的铁，且易被人体吸收，对缺铁性贫血有一定疗效。

腐竹

腐皮

图 6-30　腐竹和腐皮

【烹饪用途】常用于制作焖、烩、滚等菜式，如"腐竹焖草鱼""腐竹羊腩煲""腐竹鱼头汤"等。

【初加工方法】可根据不同烹饪用途选用水发或油发。

1）水发：将腐竹、腐皮用清水浸泡至透身（1～2小时）即可。

2）油发：将腐竹放入120℃的油中炸至涨发透身，取出，再放入热水中浸泡至回软，洗净油腻，用清水浸泡待用。

（2）仙翁米

【品质鉴选】仙翁米又称葛籼米，盛产于湖北鹤峰，其虽以"米"为名，实非稻米科，而是淡水野生藻类之念珠菜，俗称水木耳。新鲜采摘时，色绿粒圆，玲珑剔透，晒干后则为墨绿色（图6-31）。挑选时以颗粒均匀，外形圆润，色泽光艳者为佳。仙翁米生长于无工业污染之山区水域，是最佳的天然保健食品。仙翁米的主要成分是蛋白质和多糖，其次是脂肪，β-胡萝卜素含量也较高，其多糖、蛋白质和β-胡萝卜素都具有较强的生物活性，因此仙翁米可作为功能食品良好的原料。

图 6-31　仙翁米

【烹饪用途】常用于制作甜点，宜咸或甜，如"仙翁奶露"等。

【初加工方法】将仙翁米用清水浸约1小时后洗净，盛于器皿内，每5克仙翁米用沸水150克、白糖50克炖30分钟即可。

（3）薏米

【品质鉴选】薏米又名苡仁、薏仁、苡米等，由禾本科植物薏苡的种仁加工而成，呈球形或椭球形，基部较宽而略平，顶端钝圆，表面白色或黄白色，光滑，有不明显的纵纹，质坚硬，有粉性（图6-32）。薏米主要产地为福建、河北、辽宁等。挑选时以粒大、饱满、色白、完整者为佳。薏米有利水消肿、健脾祛湿、舒筋除痹、清热排脓等功效，为常用的利水渗湿食品，常食可保持人体皮肤光泽细腻。薏米对紫外线有吸收能力，其提炼物加入化妆品中还可达到防晒的效果。

图6-32　薏米

【烹饪用途】常用于煲、炖、滚、浸等菜式，如"薏米莲子芡实煲生鱼""冬瓜薏米煲老鸭""薏米芡实炖水鱼""冬瓜薏米瘦肉汤"等。

【初加工方法】将薏米洗净，用水浸泡30分钟，加沸水焗至透身即可。

（4）芡实

【品质鉴选】芡实又名鸡头、水鸡头、肇实，俗称鸡头果，为睡莲科一年生草本植物，果壳呈暗灰色，果仁为乳白色，中国中部、南部各省均有出产。挑选时以颗粒饱满、大小均匀、粉性足、无碎末、无壳者为佳（图6-33）。芡实富含淀粉、蛋白质、碳水化合物、维生素、粗纤维、胡萝卜素等，有极高的药用价值，有滋养强精、收敛、镇静作用。

【烹饪用途】常用于煲、炖、浸、滚等烹调方法，常见的菜式有"八宝芡实鸭""冬瓜芡实炖鹧鸪"等。

图6-33　芡实

【初加工方法】将芡实洗净，用水浸泡 1 小时，加沸水焗至透身即可。

（5）野米

【品质鉴选】野米又叫印第安米，是一种禾本科菰的种子，在中国也叫菰米，其外形细长，两端尖，表面有脊纹，深褐色，折断后内心为白色，质地硬而脆，有类似荷叶的微弱清香味，入口有丝丝甜味（图6-34）。野米中所含的蛋白质、多种微量元素、膳食纤维比大米高很多，是难得的保健食品，有"米"中之王之称。野米的长度越长，级别越高。

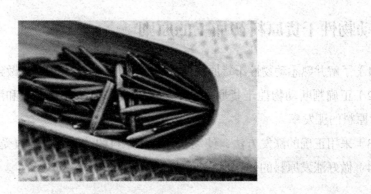

图 6-34　野米

【烹饪用途】野米本身并没有什么强烈的味道，可与肉类、海鲜等一起蒸、烩煮、炒等。

【初加工方法】将野米先浸泡 40 分钟，再加入汤水煮 45 ~ 60 分钟，至野米膨胀，旁边出现些许裂口，露出里面的白肉即可。但如果像爆米花一样炸开卷起，则说明煮的时间太长了。

第三节　动物性干货原料及其涨发加工技术

一、动物性干货原料介绍

动物性干货原料在粤菜制作中占有较重要的地位，既可作主料，也可作辅料。动物性干货原料的营养成分主要是蛋白质、脂肪及矿物质等。从总体上说，动物性干货原料是高蛋白、低脂肪、富含矿物质的优质美味食物。

动物性干货原料的分类如图 6-35 所示。

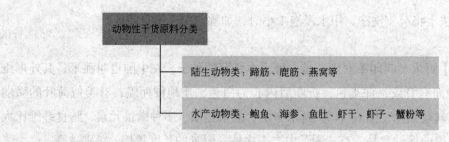

图 6-35　动物性干货原料分类

二、动物性干货原料初加工的原则

（1）了解并熟悉动物性干货原料的种类、性质、产地，涨发时做到心中有数，分别对待。

（2）正确判断动物性干货原料的质地，采用合适的涨发方法和涨发的时间，提高动物性干货原料的涨发率

（3）采用正确的涨发方法，使动物性干货原料的营养成分不致受损。

（4）做好涨发原料的储存保管工作。

三、动物性干货原料涨发加工的基本方法

动物性干货原料涨发加工的方法有水发、油发、盐发和沙发、火发四种，如图 6-36 所示。

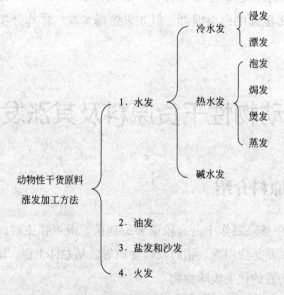

图 6-36　动物性干货原料涨发加工方法

1. 水发

水发是把动物性干货原料放入水中浸泡达到涨发目的的涨发方法。它是利用水的渗透作用，使动物性干货原料重新吸收水分，尽量恢复原有状态，并使其质地柔软。大部分动物性干货原料，无论使用哪种涨发方法，都会经过水发这一过程。可见水发是动物性干货原料涨发最普遍、最基本的方法。水发又分为冷水发、热水发和碱水发三种。

（1）冷水发

冷水发是指将动物性干货原料放入冷水中浸泡使其自然吸水回软的涨发方法。冷水发主要是利用水的浸润作用，使干货原料中的蛋白质、纤维素吸水膨胀，达到回软、恢复原状的目的。冷水发又分为浸发和漂发两种。

1）浸发：将原料放入清水中，使其自然吸水变软恢复原状。在浸的过程中，水分会逐渐渗入原料内，使其涨发。一般来说，浸的时间越长，原料越能浸发透身，直至饱和，当然，原料失味也越多。浸发多适用于质地比较松软、易于吸水膨润的干货原料，也常与其他涨发加工方法结合使用，一些质地较硬、脂肪或胶质含量较高的动物性干货原料，如海参、鲍鱼、广肚、燕窝等，在用热水涨发之前，应先用冷水浸泡，使其充分吸收水分后才能用热水涨发，否则，干货原料虽然外表软烂但不透心。一些经油发、盐发之后的原料如鱼肚、蹄筋、浮皮等，须用清水再浸发，这样才能使其吸水回软。浸发时要掌握好时间，尤其是鲜味浓的原料浸发时间不宜过长，否则，原料会损失较多的原味并影响质地，如瑶柱、干鱿鱼、虾米等。

2）漂发：漂发即漂水，是将原料置于流动的自来水中漂浸，以除去原料的异味、杂质，如海参等含较重的灰味，经煲、焗及漂浸处理后才能彻底去除灰味；又如经油发后的鱼肚含有较多油脂，需经漂水处理后才能去除。

（2）热水发

热水发是将动物性干货原料放入热水中浸泡使其回软的涨发方法。热水发主要是利用热力的加速渗透、热胀等作用使动物性干货原料中的蛋白质、纤维素吸水回软。热水在涨发过程中能改变原料的质地，使其变硬为软、变老韧为松嫩，水温越高，加温时间越长，其作用就越大。一些坚硬、老韧、胶质较重的动物性干货原料必须使用热水发才能使其回软。使用热水发要根据原料的性能，选用泡、焗、煲、蒸等具体方法，并根据原料的质地掌握好水的温度和加温时间，才能达到好的涨发效果。热水发又分为泡发、焗发、煲发和蒸发四种。

1）泡发：是将动物性干货原料放入热水或沸水中使其吸水回软的涨发方法。热水泡发可以加速干货原料吸水回软，尤其在天气较冷时常用。

2）焗发：是将动物性干货原料放入热水或沸水中，加盖保温，使其在一定的温度下吸水涨发回软的涨发方法。动物性干货原料在焗发前应先浸发，如广肚、燕窝、蛤士蟆油等，焗发可缩短浸泡的时间，提高效率。

3）煲发：是将动物性干货原料放入热水锅中持续加热，使其吸水回软的涨发方法。煲发有助于去除某些动物性干货原料的杂质和异味，适于涨发较坚韧、异味较重的动物性干货原料，如鲍鱼、海参等。原料在煲发前需经浸发、焗发处理。煲发也可以多次换水反复进行。煲的过程中要掌握好火候和原料的回软程度。

4）蒸发：是将动物性干货原料洗净，稍浸后放入器皿中，加入汤水和调味料，用蒸汽加热使其回软的涨发方法。蒸发与煲发均是利用持续高温使原料充分涨发。蒸发可以较好地保持原料的原状及原味。蒸发适合瑶柱、虾子、大虾干等易碎烂干货原料的涨发。

（3）碱水发

碱水发是将动物性干货原料先用清水浸软后，再放入食用纯碱液或枧水中浸泡，使其去韧回软，最后用清水漂净碱味的涨发方法。碱水发利用碱的电离作用，使蛋白质轻度变性，在水的浸润作用下，使原料的肌肉纤维结构松弛，有利于碱水的渗透和扩散；使某些原料体积胀大，变得爽脆，且能去除油脂，变得洁净。碱水发只适用于一些特别坚韧，用一般浸发方法不能完全涨发的干货原料，如储存过久的鱿鱼、墨鱼。碱水发在操作过程中要注意以下几点：

1）须根据原料的质地性能确定碱的用量，不能过多。

2）控制好碱水浸发的时间，发至透身即可。

3）涨发后须用清水漂去碱味。

4）禁止使用有损人体健康的碱性物质，如烧碱等。

2. 油发

油发又称炸发，是将动物性干货原料放入油锅中，经过油的加热传导，使干货原料膨胀、疏松成为半制品的涨发方法。油发之后需结合碱液浸发和用清水浸漂，利用碱的电离作用脱去油脂，使其清洁干净，变得松软。油发适合胶质比较重的动物性干货原料涨发，如鱼肚、蹄筋、浮皮等。油发的关键是掌握好原料浸炸的油温和时间，要使原料涨发的程度刚好。

3. 盐发和沙发

盐发和沙发一般由干货加工企业完成，不需要厨师去做。盐发和沙发的用料虽不同，但与油发的作用目的一样，利用粗盐或沙粒的高热来涨发原料，如鱼肚、蹄筋、猪皮等干货原料的涨发，其涨发的效果在色泽、膨胀度、疏松度等方面比油发更佳。

4. 火发

火发即把外皮坚硬的动物性干货原料放在火上燎烤，使其表面烧焦，然后用刀刮去，再用热水涨发至透的一种涨发方法。对于带有厚皮粗毛的干货原料可用湿泥巴将其裹住，再放入炉火中烤焙至泥巴干裂，然后将泥连同毛发一起剥去，毛发易于去除。火发只是一种辅助的涨发方法，平时使用并不多。

动物性干货原料种类繁多、性能各异，其涨发往往不是一种方法就可以完成的。因此，要掌握好每一种涨发方法的原理和作用，根据各种干货原料的性能和干制特点区别对待、灵活运用。

四、动物性干货原料的选用及涨发加工方法

1. 陆生动物类

（1）蹄筋

【品质鉴选】蹄筋是猪、牛、羊、鹿类动物四肢的肌腱，以猪蹄筋在饮食业中使用较多。猪蹄筋分前蹄筋和后蹄筋，后蹄筋质量优于前蹄筋。后蹄筋长而粗圆，肥大，水发后质软糯；前蹄筋细短有分支，质硬，涨发率低，乳白或乳黄色。挑选时以筋条粗长挺直，干燥，表面洁净无污染，色光亮，呈半透明状，无异味者为佳（图6-37）。猪蹄筋中含丰富的胶原蛋白，能增强细胞生理代谢，使皮肤更富弹性和韧性，延缓皮肤衰老，同时具有强筋壮骨之功效，对腰膝酸软、身体瘦弱者有很好的食疗作用，还有助于青少年生长发育和减缓中老年妇女骨质疏松的速度。

图6-37 猪蹄筋

【烹饪用途】常用于扒、焖的烹调方法，常见的菜式有"虾子烧蹄筋""XO酱爆蹄筋"

"蹄筋烧海参"等。

【初加工方法】

1）水发蹄筋：先用木棒将蹄筋稍捶松，使之易于涨发，再放入水中浸泡 12 小时，然后换水，用小火煲至滚，离火焗至水冷，反复换沸水焗至蹄筋透身，剔去外层筋膜，摘去残肉，洗净，再用清水漂浸约 2 小时，换冷水浸泡备用（图 6-38）。

图 6-38　水发蹄筋

2）油发蹄筋：将蹄筋用温水洗去油腻和污垢，晾干，放入凉油锅中，小火加热至 90℃，保持油温，使蹄筋慢慢膨胀，再逐渐升高油温至蹄筋涨发透，取出滤油，待其冷却

图 6-39　油发蹄筋

后，用清水浸泡至回软透身，用热水洗净油腻，摘去残肉，用冷水浸泡备用（图 6-39）。

【注意事项】

1）由于蹄筋粗细、质地不一样，涨发时要控制好涨发的时间，使其能涨发至透。

2）涨发好的蹄筋应质爽而不腻。

涨发率：水发蹄筋 300%，油发蹄筋 400%。

（2）浮皮

【品质鉴选】浮皮又称响皮、干皮，行业中俗称仿肚，是猪肉皮经煮熟干制，用烘炉烤爆或用粗沙粒炒爆而成。挑选时以外表洁净无毛，色泽黄亮，无残余肥膘，皮质坚厚紧实，毛孔细小，张大皮整，干燥，无异味者为好（图 6-40），尤以猪背皮或臀皮为优。浮皮含有大量的胶原蛋白、组氨酸等营养物质，易被人体吸收，对补充人体精血、滋润肌肤、光泽头发有一定作用。

图 6-40　浮皮

【烹饪用途】常用于制作汤菜，常见的菜式有"浮皮肉茸羹""鸡丝烩仿肚""虾干浮皮浸丝瓜""绍菜浮皮浸鱼滑"等，也可用于焖，常见的菜式有"红烧浮皮""猪红焖浮皮"等。

【初加工方法】将浮皮用清水浸泡约 3 小时，洗净，去净毛、残留的肥膘，加入沸水焗至透（质量差的可加少许纯碱水焗），捞出，放入器皿中，加入纯碱（按 500 克水加 15 克碱的比例调和）轻力搓洗，去净油污，用清水漂净碱味；滤去水分，加入白醋（按 500 克浮皮加 50 克白醋的比例）轻力搓洗，用清水漂清醋味，即可使用。

【注意事项】

1）要去净浮皮的毛、杂味。

2）质量不太好的浮皮最好用水发，不要用油发。

涨发率：油发 400%。

（3）燕窝

【品质鉴选】燕窝又名燕菜，是金丝燕及同属的一些鸟类所分泌的唾液筑成的巢，主要产于印度尼西亚、泰国及我国海南岛、云南红河州、广东怀集。

燕窝分为洞燕、厝燕和加工燕三种：

1）洞燕：指摘自岩洞的天然燕窝，可分为白燕、毛燕、血燕和红燕四种（图6-41）。白燕又称官燕，是燕鸟第一次筑的巢，质地较纯，杂质少，形态匀称，象牙白色，光洁透亮，清香，涨发率高，是燕窝中的上品。毛燕是燕鸟第二次筑的巢，杂质较多，品质次于白燕。血燕是燕鸟第三次筑的巢，含毛，杂质多，间杂黑色的血丝，质量最次。红燕由燕鸟的红色渗出液浸润染成，通体呈均匀的暗红色，此类燕窝产量不多，含矿物质较多，营养及功效较好，医家视为珍品，价格高于白燕。

白燕

红燕

图6-41 燕窝

2）厝燕：是燕鸟在人们专为其筑的燕屋内所结的巢，此类燕窝色较洁白，整齐光洁，质松，毛少，口感软滑。

3）加工燕：是经人工除去杂质的燕窝。

以上燕窝按其形状可划分为燕盏、燕块、燕条、燕丝、燕碎、燕球、燕饼、燕角等。挑选燕窝时以洁白、透明、壁厚，完整饱满，纹理密实，色泽晶莹，有清香气味者为佳。燕窝含有极高的蛋白质、碳水化合物、灰分、维生素及微量矿物质（磷、钙、铁、钾）等，有清肺、化痰止咳等功效，特别是含有表皮生长因子，具有很好的养颜功效。

【烹饪用途】常用于炖、烩等烹调方法，常见的菜式有"双凤吞官燕""果皇冰糖炖燕窝""香橙炖燕窝""珊瑚乳酪燕窝""蟹肉烩燕窝""鸡茸烩燕窝"等；也可用于扒，常见的菜式有"蟹黄扒官燕"等。

【初加工方法】（以燕盏为例）先用凉水将燕盏浸泡约30分钟，加入沸水反复焗至其涨发透身，用镊子挑去燕毛、杂质，注意保持其原形，然后再用清水洗净，浸泡待用（图6-42）。可存放于冰箱冷藏室内，每天换清水一两次。

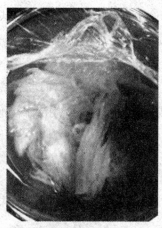

图6-42　加工燕盏

涨发率：燕盏700%，碎燕窝600%。

（4）雪蛤膏

【品质鉴选】雪蛤膏又称蛤士蟆油、雪蛤油，是中国林蛙的卵巢与输卵管外所附脂肪的干制品，主产于黑龙江、辽宁、吉林等地。雪蛤膏呈不规则的块状，弯曲重叠，层次感明显，表面黄白色，蜡质状，微透明，有脂肪样光泽，手摸有滑腻感（图6-43）。雪蛤膏以片状多而粒状少，肥厚，黄白色，有光泽，不带皮膜，无血筋及卵子者为佳。雪蛤膏有补肾益精，养阴润肺，滋补强身，抗疲劳、抗衰老的功效，雪蛤膏经充分溶胀后释放出的胶原蛋白、氨基酸及核酸等物质可促进人体皮肤组织的新陈代谢，防止皮肤褐色素沉淀，使肌肤光洁细腻，从而可嫩肤美容、延缓衰老；改变体内激素水平，改善心悸衰弱、头晕疲乏、心情烦躁症状；促进人体蛋白质特别是免疫球蛋白的合成，从而增强机体免疫力及抗病能力。

图6-43　雪蛤膏

【烹饪用途】常用于炖，常见的菜式有"雪蛤膏红枣炖鸡""虫草炖雪蛤膏""木瓜炖雪蛤膏"；也可用于烩，常见的菜式有"鲜奶蟹黄烩雪蛤膏""雪蛤膏烩银耳"，还可用于扒，常见的菜式有"珊瑚扒雪蛤膏"等。

【初加工方法】加工雪蛤膏时要先摘净其黑膜，然后用清水浸泡1小时，洗净，加入沸水焗至透身成白色棉花球状，用清水浸泡待用（图6-44）。

图6-44 水发雪蛤膏

【注意事项】
1）发好的雪蛤膏体积可膨胀10～15倍，晶莹通透。
2）雪蛤膏不宜用过高的温度烹制，以防其营养成分损失。
涨发率：1000%～1500%。

2. 水产动物类

（1）鲍鱼

【品质鉴选】鲍鱼属软体动物门腹足纲原始腹足目鲍科，主要产地有中国、日本、澳大利亚、新西兰、南非、墨西哥、中东一带。鲍鱼有吉品鲍、网鲍、窝麻鲍等，以日本出产的最好。鲍鱼肉质细嫩，味道鲜美，营养十分丰富。干鲍的大小通常以每500克的"头数"来计算，如三头鲍，即表示500克有3只同样大小的鲍鱼，因此头数越小，代表每只鲍鱼越大，价格也越高。在选购干鲍时，以体干坚硬、个头大小均匀、表面洁净、外形完整、肉质肥美、正常形状与色泽者品质为佳。鲍鱼的营养价值极高，含有丰富的球蛋白；鲍鱼含有一种被称为"鲍素"的成分，能够破坏癌细胞必需的代谢物质；鲍鱼还含有多种维生素和微量元素，且鲍鱼是低胆固醇食品，是目前已知增强人体免疫力效果最显著的水产品。鲍鱼的分类见表6-2。

表 6-2　　　　　　　　　鲍鱼分类

名称	产地	外形特征	图片
吉品鲍	以日本岩手县所产为最佳。我国青岛、海南和台湾也有出产	元宝形，枕高身直，以鲍身隆起、味道浓郁、色泽美观、有嚼劲、口感佳且色泽金黄者为上品	
网鲍	以日本千叶县所产质量最佳，中国和澳大利亚也产网鲍	椭圆形，鲍边细小而起珠粒之状，外形美观，色泽金红色，食味浓郁而有鲜美的鲍鱼味，鲍身肉厚，吸盆尾部较尖	
窝麻鲍	以日本青森县所产质量为佳	身形较扁薄，因为用绳串起来晒，故左右各有一小孔，以色泽金黄，肉质较滑嫩，滋味肥美者为佳	
南非鲍	产于非洲南部	体形小于网鲍，味道也远不如网鲍，但却胜于鲜鲍，价格适中，是酒楼中较常使用的一种鲍鱼	
中东鲍	产于中东海域	体形较小，一般以 500 克 30 头居多，其色泽暗哑，且鲍身多有一层薄薄的盐粉，虽然不耐看、香味不足，但口感较软滑	
大连鲍	产于辽宁大连	呈米黄色或浅棕色，质地新鲜有光泽；椭圆形，鲍身完整，个头均匀，干度足，表面有薄薄的盐粉，若在灯光下观察，鲍鱼中部呈红色，肉质细嫩，肉厚、饱满、新鲜	

【烹饪用途】常用于扒的菜式，如"蚝皇鲍鱼"等。

【初加工方法】将干鲍鱼用清水浸泡 10 小时，刷洗干净，放入砂锅中加水用小火煲约 2 小时，停火焗至水冷，再用小火煲至滚，熄火再焗，如此反复，让鲍鱼充分吸收水分，使鲍鱼体柔软饱满，形整不烂，而且不会破坏鲍鱼的营养成分，也不影响鲍鱼的鲜美度。

【注意事项】

1）视鲍鱼的质量，掌握好煲发的时间和火候，要勤检查，发透的鲍鱼要及时挑出。

2）煲发好的鲍鱼还要用有鲜味的原料煨至入味，使鲍鱼味道更鲜美。

涨发率：网鲍 175%，窝麻鲍 150%，吉品鲍 150%。

（2）海参

【品质鉴选】海参属棘皮动物，生活在海底岩石缝里或浅海底部的泥沙里。我国的海参主产于辽宁大连、山东烟台、海南岛、南沙群岛等地。鲜活海参制成干货有专门的技术，一般是将活参用剪刀从肛门沿背部开一口子，约占体长的 1/3，取出内脏，洗净后，加水淹没海参，大火烧开后用中小火煮 1 小时捞出，趁热加入与海参同等量的盐，拌匀后静置腌渍 3 天，然后用溢出的参汤洗净海参的污物，放置另一桶中，再加海参重 60% 的盐腌渍 7 ~ 8 天。之后将整桶海参连同盐卤一起放在锅中煮沸，约半小时后，参体有白色盐霜时即可全部捞出，沥干水分后放在柞木灰或草木灰中充分搅拌揉搓，将参体内的水分全部挤出，晒至海参已干、坚硬，然后收集起来，焖 5 ~ 7 天后再曝晒一周，再焖一周，再晒一周，如此反复 3 ~ 4 次，即可制得成品。因此海参由鲜到干，脱水的方法是用盐来完成。由于海参的主体成分是胶原蛋白，并不十分吸收盐分，故其并不十分咸。海参可补肾益精，对治疗肺结核咯血、再生障碍性贫血、糖尿病等都有一定疗效。常食海参对强身健体、提高记忆力、延缓衰老、滋阴壮阳、美容护肤也有明显效果。饮食业使用的海参按形态特点可分为刺参和光参两类，详见表 6-3。

表 6-3　　　　　　　　　　　　海参分类

名称		产地	外形特征	图片
刺参	辽参	产于我国的山东沿海、辽东半岛及朝鲜和日本，尤以日本、辽东半岛一带所产为佳	选择辽参以体型匀称、肉质厚实、刺多而挺、干燥完整者为好。辽参的干品分为三个等级，每 500 克辽参在 40 只以内的为一等品，41 ~ 55 只的为二等品，超过 55 只的为三等品	
	梅花参	分布于太平洋西南部，我国主要产于南海的西沙群岛	其背部肉刺很大，每 3 ~ 11 个肉刺的基部相连呈梅花状，故名"梅花参"；体长一般 60 ~ 75 厘米，最长者可达 120 厘米，宽约 10 厘米，高约 8 厘米，是海参纲中最大的一种。栖息于水深 3 ~ 10 米的珊瑚沙底。选择时以参体完整，肉质厚实，刺完整尖挺，腹内肉面平整无残缺者为上品。	

续表

名称		产地	外形特征	图片
刺参	方刺参	主产于我国的海南岛南部和西沙群岛	体呈四方柱形，干品略呈方柱体，沿着方柱体的棱角各有两行交互排列的圆锥状肉刺。颜色灰黑泛绿，活体长 20 ～ 40 厘米，干体发制后肉质较软嫩，也属较好的品种。挑选时以干身、参体完整者为好	
光参	婆参	产于我国南海的中沙群岛一带	因其腹部有两排用来移动的疣足，好似猪婆的母乳而得名，是一种大型食用海参，肉质厚嫩，品质较好。挑选时以完整直挺，肉质较厚，腹部石灰层薄，开腹口平整者为佳	
	白石参	分布在太平洋南中国海一带，中国的南海中沙群岛也有出产	其表面有一层白白的灰，体形较大，表面光滑无刺，颜色带白，表皮较硬厚，口感软滑。涨发率每 500 克涨得 2500 克	

【烹饪用途】常用于炖、烩、扒、焖等烹调方法，常见的菜式有"乌鸡炖海参""辽参炖花胶""百花酿刺参""鱼肚海参羹""鲍汁鹅掌扒辽参""红烧海参""虾子扒海参"等。

【初加工方法】

1）刺参的涨发：先将刺参用清水浸泡 12 小时，再换清水上火烧沸，熄火加盖焗 6 ～ 7 小时，取出，刮洗净表皮，用冷水漂浸 1 小时，换清水烧沸，加盖再焗，如此反复三次后，将刺参取出，剖腹除去内脏洗净，放入清水锅中，烧沸，熄火加盖焗至刺参涨发回软至透身并漂至无灰味即可（图 6–45）。将刺参拣入保鲜盒内，注入清水，存放于保鲜柜内备用。

2）光参的涨发（适用于涨发皮厚的光参）：将光参放入炭火中烤至表皮炭化，取出，轻刮去表皮炭化的部分，放入清水中浸泡 8 小时，换水用小火煲至滚，停水焗至水冷，漂水，反复换水煲焗、漂水至无灰味即可。用清水浸没，置保鲜柜存放备用。

【注意事项】

1）在涨发海参的过程中，应避免接触油、碱、盐等物质。

2）海参的质地不同，其涨发时受火程度就不同，因此涨发时要勤检查，及时将涨发好的海参拣出。

涨发率：250%。

图 6-45　水发刺参

（3）鱼肚

【品质鉴选】鱼肚又称鱼胶，是鱼鳔经加工干制而成。鱼肚的主要成分为高级胶原蛋白、多种维生素及钙、锌、铁、硒等多种微量元素，其蛋白质含量高达84.2%，脂肪仅为0.2%，是理想的高蛋白低脂肪食品。鱼肚可帮助人体迅速消除疲劳，对外科手术病人伤口之恢复也有帮助。粤菜中常用的鱼肚有鳘肚、鳝肚、黄花胶和花肚等，详见表6-4。

表6-4　　　　　　　　　　　鱼肚分类

名称	产地	外形特征	图片
鳘肚	产于浙江、福建、广东一带，以广东所产的鳘肚质量最好	由鳘鱼鳔干制而成。有雌雄之分，雄性的鳘肚又称广肚，形如马鞍，肚身中部较厚，身有V字条纹，挑选时以质地结实、厚身、干淡、呈金黄色、半透明者为佳。雌性的鳘肚又称母肚、炸肚，略圆而平展，身有横纹或波浪纹，较薄，质感、口感均略逊于广肚。鳘肚以体大者涨发性强	

续表

名称	产地	外形特征	图片
鳝肚	产于浙江、福建、广东、海南等地	由鲜海鳗鳔剥去衣膜晾晒干燥而成。长圆形，细长，壁薄中空，两端尖似牛角，白中略黄。鳝肚一般不剖开。挑选时以干身、有透明感、洁净、无血筋等物、色泽透亮者为佳	
黄花胶	主要产于我国沿海的烟台、威海、辽东湾等地，以舟山等地较多	由大黄花鱼鳔干制而成。色泽金黄、呈椭圆形。选择时以干身、半透明、厚身者为佳	
花肚	产于广东省各地	又称鱼白，由大条鲻鱼鳔干制而成。色白而身薄，选择时以厚身、色淡白、干爽者为好	

【烹饪用途】常用于扒、焖、炖、浸、烩等烹调方法，常见的菜式有"鳖肚炖蚬鸭""花胶炖鹧鸪""浓汤浸鱼肚""百花酿鱼肚""鲍汁扒鱼肚""虫草炖花胶""三丝烩鱼肚"等。

【初加工方法】鱼肚的涨发方法可根据鱼肚的用途和鱼肚的质地选择油发或水发。

1）水发鱼肚适用于炖、煲菜式，如鳖肚、黄花胶的涨发。

涨发时先将鱼肚用清水浸泡10小时左右，洗擦干净，放入盆里，加入沸水反复焗2～3次至鱼肚透身回软即可（图6-46）。

图6-46　水发鱼肚

【注意事项】焗时所用器皿切勿沾有油腻或碱类；每次换水时应注意将已焗透身的鱼肚捞起，以免涨发过头，影响质量。

2）油发鱼肚适用于烩、焖等菜式，如鳝肚、鱼白、炸肚的涨发。

涨发时先将鱼肚剪成小块，用清水浸软后，擦洗干净，晾干。烧热锅内的油至约90℃，将鱼肚放入锅中浸没，慢火缓缓升温，炸至鱼肚膨胀通透，取出。待鱼肚晾凉，放入水中浸泡至吸水回软，用温水洗去油脂即可（图6-47）。

剪好的鱼肚　　　　　　　　　　炸鱼肚

炸好的鱼肚　　　　　　　　　　炸发鱼肚成品

图6-47　油发鱼肚

【注意事项】

1）油发鱼肚应使鱼肚达到质地爽滑、有弹性、色洁白、洁净、不腻的要求。

2）根据鱼肚的厚薄掌握炸制的火候和时间，厚身的鱼肚炸制时间稍长。

3）炸好的鱼肚色较黄时，可加入白醋漂洗，并反复挤压，可使其增白。

4）鱼肚较腥，使用时可先用姜葱、绍酒滚过煨透，以去除其腥味。

涨发率：广肚涨发率300%，鳝肚炸发率450%，花肚炸发率450%，黄花胶涨发率200%。

（4）鱼唇、鱼皮

【品质鉴选】鱼唇是用鲟鱼、鳐鱼等唇部周围的软肉及骨组织加工而成，鱼皮是用鳐鱼背部的厚皮加工而成（图6-48），我国沿海各地均产，福建、浙江、山东，广东湛江、汕头等地为主要产区。挑选鱼唇时以身干体厚、色泽灰白透明、无虫蛀、无臭味者为佳，挑选鱼皮时以体厚身干、皮上无肉、洁净无虫蛀者为好。鱼唇、鱼皮均含有丰富的蛋白质和多种微量元素，其蛋白质主要是大分子的胶原蛋白及黏多糖成分，是养颜护肤、美容保健之佳品。

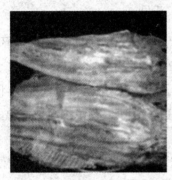

鱼唇　　　　　　　　　　　鱼皮

图6-48　鱼唇和鱼皮

【烹饪用途】常用于扒、焖、烩等烹调方法，常见的菜式有"鲍汁扒鱼唇""红烧鱼唇"等。

【初加工方法】

1）鱼唇：先将鱼唇用清水浸泡4小时，再换沸水焗约1小时，刷洗净，去除皮层上的杂质，然后再用沸水反复焗至透身，取出用清水漂浸即可。

2）鱼皮：将鱼皮先用清水浸泡4小时，再换沸水焗约1小时，去除鱼皮上的残肉，洗净，反复用沸水焗至透身，取出用清水漂浸即可。

【注意事项】涨发时应根据鱼唇、鱼皮的厚薄度不同掌握其受热时间，以免泻身。

涨发率：300%。

（5）瑶柱

【品质鉴选】瑶柱又称干贝、元贝，由其闭壳肌干制而成。挑选瑶柱时以肉质细嫩，干燥，颗粒完整，大小均匀，色淡黄而略有光泽，具有特殊的鲜香味道，无杂质者为上品（图6-49）。瑶柱含丰富的蛋白质和少量碘，具有滋阴补肾、和胃调中之功效，能治疗头晕目眩、咽干口渴、虚痨咳血、脾胃虚弱等症，经常食用有助于降血压、降胆固醇、补益健身、软化血管、防止动脉硬化。

图 6-49　干贝

【烹饪用途】常用于扒、炒、烩、炖等烹调方法，常见的菜式有"玉环瑶柱脯""瑶柱扒豆腐""炒桂花瑶柱""瑶柱烩鸡丝""节瓜炖瑶柱"等。

【初加工方法】用清水将干瑶柱浸泡 15 分钟左右，轻轻将瑶柱洗净，同时去除瑶柱边角上的老筋，将瑶柱放入一个大瓷碗中，加入适量姜片、葱段、酒及烧沸的汤水，放入蒸柜蒸约 40 分钟，使瑶柱吸水回软即可。

【注意事项】蒸制的时间视瑶柱的大小而定，一般蒸至透身，用手轻按便松散时即可。

涨发率：150%。

（6）鱿鱼干

【品质鉴选】鱿鱼干又称土鱿，是将枪乌贼自腹部剖开，挖去内脏，放入淡水中洗净，再以清水冲洗、晒干后的产品。其体扁长，头似佛手状，肉鳍紧附在尾部两侧，形似双髻，全身均为浅粉色，表面有白霜（图 6-50），主要产于我国广东、福建、浙江、广西、台湾及日本、菲律宾等地。挑选鱿鱼干时以色泽鲜明，体型均匀，肉质微透红，干爽，有海鲜的特殊香味，表面带有少许白霜者为质佳。鱿鱼干富含蛋白质及钙、磷、铁、硒、碘、锰等，经常食用可有效减少血管壁内累积的胆固醇，对于预防血管硬化、胆结石的形成均颇具疗效，同时还可预防老年痴呆症等。

图 6-50　鱿鱼干

【烹饪用途】常用于炒、灼的菜式，如"西兰花炒鱿鱼""XO 酱爆鸳鸯鱿""味菜土鱿丝"等。

【初加工方法】将鱿鱼干放入清水中浸泡约 3 小时至透身，剥去外衣，去软骨、鱿鱼眼，洗净即可。

【注意事项】

1）浸泡鱿鱼干的时间视其质地而定，厚身的浸泡时间长些，薄身的浸泡时间稍短。

2）如鱿鱼干较厚身、老韧，可以 500 克水加 25 克小苏打的比例配制水溶液，浸泡至其透身后，再漂水约 1 小时以去除碱味。

涨发率：150%。

（7）蚝豉

【品质鉴选】蚝豉又称干蚝，是牡蛎肉的干制品，广东的珠海、中山和汕头等地均产，以沙井蚝最出名。蚝豉有生晒蚝和干蚝之分，直接生晒至干的称生晒蚝，煮熟后晒干的称干蚝。挑选蚝豉时以体形完整、结实、肥壮、肉饱满，表面无沙和碎壳，色泽金黄、干爽者为上品（图 6-51）。蚝豉所含的蛋白质中有多种优良的氨基酸，这些氨基酸有解毒作用，可祛除人体内的有毒物质，其中的氨基乙磺酸有降低胆固醇的作用，因此可预防动脉硬化。蚝豉还含有维生素 B_{12}，其含磷量很丰富，由于钙被人体吸收时需要磷的帮助，所以有利于钙的吸收。

图 6-51　蚝豉

【烹饪用途】常用于焖、扒、煲、炒等菜式，如"莲藕猪舌煲蚝豉""网油蚝豉""发菜蚝豉煲猪手""大地鱼蚝豉节瓜汤""发菜扣蚝豉""生炒蚝豉松"等。

【初加工方法】

1）干蚝的涨发：将干蚝先用清水浸泡 4 小时，洗去壳屑和泥沙，然后加入沸水焗至透身，再放入沸水锅中焯水即可。

2）爽蚝（半干的蚝豉）的涨发：将爽蚝用水浸泡约 2 小时，洗净，洗去壳屑和泥沙，再放入沸水锅中焯水即可。

【注意事项】

1）洗蚝豉时要注意清洗净蚝鳃中夹带的蚝壳和沙。

2）要去除蚝豉的腥味，洗净后要用姜葱滚煨过。

涨发率：干蚝豉150%，爽蚝豉130%。

（8）虾干、虾米

【品质鉴选】虾干是用大只新鲜活虾直接干制而成，虾米是由小型虾经盐水煮制、晒干、去头尾及外壳而成。挑选虾干（虾米）时以虾体大小均匀，体形完整，虾身弯曲、肥壮，虾体亮白透红，有光泽，盐轻而身干者为上品（图6-52）。虾干脂肪含量低，多为不饱和脂肪酸，具有防治动脉粥样硬化和冠心病的作用。虾干含有高质量的蛋白质，矿物质含量也很丰富。另外，虾的肌纤维比较细，组织结构松软，所以肉质细嫩，易于人体消化吸收，适合病人、老年人和儿童食用，可预防自身因缺钙所致的骨质疏松症。

虾干

虾米

图6-52　虾干和虾米

【烹饪用途】常用于焖、滚、浸、烩等烹调方法，常见的菜式有"粉丝虾米煲""冬瓜海米汤"等。

【初加工方法】用清水浸泡虾干约30分钟，洗净，用水浸没虾干，加姜葱，放入蒸柜蒸约30分钟至透身即可。

【注意事项】根据虾干的大小、干湿程度掌握好蒸制的时间。

涨发率：150%。

（9）虾子

【品质鉴选】虾子是虾卵的干制品，以辽宁的营口、盘山，江苏的东台、大平、射阳、高邮、洪泽等地生产较多，成品有红色和金黄色。挑选时以色泽鲜艳有光泽，粒圆饱满，干身松散，无杂质者为佳。虾子含高蛋白及大量的虾青素（虾子红颜色的成分），因此助阳功效甚佳，肾虚者可常食。

【烹饪用途】虾子是烹调中的重要鲜味调味品，常用于菜肴、面条、馄饨的调味，可用于扒、烩、焖等烹调方法，常见的菜式有"虾子扒海参"等。

【初加工方法】将虾子放入锅中慢火炒过，盛于器皿中，加入姜片、葱条与沸水、花雕酒，上笼蒸约5分钟左右，取出即可使用。

涨发率：120%。

（10）干墨鱼

【品质鉴选】干墨鱼是软体动物门头足纲类海洋性动物（乌贼、墨斗鱼、目鱼）的干制品，我国沿海地区的广东、福建、浙江、山东等地均有出产，以舟山群岛出产最多。挑选干墨鱼以体形完整，光亮洁净，颜色柿红或棕红，半透明，肉质平展宽厚，干燥，具鲜香味道，无盐者为上品（图6-53）。干墨鱼每百克含蛋白质13克，脂肪仅0.7克，还含有碳水化合物和维生素A、B族维生素及钙、磷、铁、核黄素等人体必需的营养物质，属高蛋白低脂肪滋补食品，其所含的多肽还有抗病毒、抗射线作用。

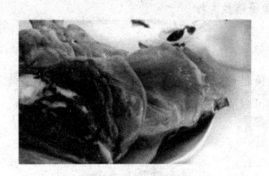

图6-53 干墨鱼

【烹饪用途】常用于煲、炒、焗的菜式，如"墨鱼节瓜煲猪肘""青椒炒墨鱼丝"等。

【初加工方法】将干墨鱼放入冷水中浸泡约3小时至回软，剥去墨鱼表面的薄膜，去掉墨骨和内脏，洗净，再放入调好的碱水中（500克水+20克小苏打）浸泡30分钟，取出用清水漂净碱味即可。

涨发率：130%。

（11）淡菜

【品质鉴选】淡菜是贻贝的干制品，主产于浙江舟山、辽宁、山东、广东、福建等沿海地区。挑选淡菜时以身干体大、肉厚坚实、个形整齐、色泽紫棕色或乳白色，略有光泽，无杂质、无破损，带有海鲜香气者为最好（图6-54）。淡菜的营养价值高于一般的贝类和鱼、虾、肉等，经常食用对促进新陈代谢，保证大脑和身体活动的营养供给具有积极的作用。

图 6-54　淡菜

【烹饪用途】主要用于调味、增鲜，常用于煲汤、滚汤，常见的菜式有"淡菜煲菜干豆腐""淡菜瘦肉紫菜汤"等。

【初加工方法】将淡菜用清水洗净，加沸水焗 15 分钟，然后将淡菜内的藻苔抽出，洗净泥沙，再加水小火煮约 5 分钟取出，浸泡在清水中备用。

【注意事项】要摘净藻苔及泥沙。

涨发率：120%。

（12）大地鱼

【品质鉴选】大地鱼是比目鱼的干制品，挑选时以色泽金黄、干燥、无虫蛀者为佳（图 6-55）。常食大地鱼可以清除血液中的"垃圾"，还能美颜润肤。

图 6-55　大地鱼

【烹饪用途】通常煲汤、熬粥、制馅或调制卤水都要用大地鱼来增加鲜香味，如制作"云吞面"时，大地鱼不仅用来作云吞馅，还可以和猪骨熬制成汤底来增加鲜味。此外，大地鱼常用于扒、煲、炖等烹调方法，常见的菜式有"大地鱼扒鲜菇"等。

【初加工方法】用于煲汤调味：将原条大地鱼放入焗炉中小火烤至脆即可使用；用于作馅：先将大地鱼肉撕开，放入油中小火炸至脆，然后将其碾碎即可使用。

（13）裙边

【品质鉴选】裙边是鳖的背腹甲（由结缔组织相连形成厚实的边）干制品，全国各地均有出产，淡水鳖以江苏花鳖为精品，海鳖则主要产于海南岛、西沙群岛，现产量较少。选用时以厚实、无腥味者为好（图6-56）。裙边富含胶质，具有滋阴凉血、补益调中、补肾健骨等作用，还可防治身虚体弱、肝脾肿大、肺结核等症。裙边还有较好的净血作用，经常食用可降低胆固醇，因而对高血压、冠心病患者有益。

图6-56　裙边

【烹饪用途】常用于焖、扒、烩、炒等烹调方法，常见的菜式有"裙边炖竹丝鸡"等。

【初加工方法】将裙边先用温水浸泡数小时，至其初步回软后，用小刀轻轻刮去裙边表面的皮膜，洗涤干净，用清水漂净其腥味，再加入汤及料酒、葱、姜、火腿、干贝，入蒸柜蒸至透身取出，原汤浸泡裙边，冷藏存放即可。

【注意事项】

1）裙边涨发前应先用温水浸泡至初步回软，以免影响裙边涨发后的品质特点。

2）涨发过程中要将裙边表层的皮膜刮净，大小薄厚不统一的裙边，涨发时应及时查看，发透者及时取出，未发透者可继续涨发，直至全部发透为止。

五、动物性干货原料的储存方法

干货制品由于产品干燥，含水量低（10% ~ 15%），一般能储存较长时间。但是，如果储存条件不适宜或包装差，也会发生受潮、发霉和变色等现象，使产品质量降低。干货制品经过干制加工失去大量水分后，其组织疏松、空隙多，并且所含干物质中有许多吸湿性成分（如糖类、蛋白质等），因而具有强烈的吸湿性。如果产品包装不严密，或空气相对湿度过高，则会很快吸湿受潮，严重时可引起发霉。

干货制品在储存过程中应注意以下几点：

第一，产品要有良好的包装。干货原料常用的包装中，以木箱、木桶、纸板箱衬防潮纸或塑料薄膜的包装防潮效果较好，竹篓、麻袋等包装防潮性差。无论采用哪种包装，在储存时都应做到轻搬轻放，防止因包装损坏而降低防潮性能。

第二，控制储存的温度、湿度，保持库房凉爽、干燥、低温、低湿，是干货储存的基本措施。

第三，储存干货的库房内切忌同时存放潮湿性的物品，同时还应注意码堆的底垫和高度，确保干货制品不受潮。

第四节　食疗原料涨发加工技术

一、食疗原料介绍

食疗养生是中国流传已久的古老智慧之一，现代人注重以中药材来养生，利用既可食又可药的中药材来调理人体各方面的功能，不仅可以营养身体、补益脏腑，而且可以调和阴阳、益寿防老，对一些常见病、多发病有独到的辅助治疗效果，达到治疗与保健的目的。粤菜中常用的食疗原料有人参、冬虫夏草、红枣、枸杞子、党参、百合等。

二、食疗原料的选用及初加工方法

1. 人参

【品质鉴选】人参由五加科植物人参根茎下的不定根加工而成，我国的主要产地以东北的吉林最多。挑选时以支大、芦长、皮细、色嫩黄、纹细密、饱满、浆水足、无破伤者为好（图 6-57）。人参具有减缓细胞衰老、延长细胞寿命，补气固锐，健脾益肺，宁心益智，养血生津的功效。

图 6-57　人参

【烹饪用途】常用于炖、煲的菜式，如"西洋参炖竹丝鸡""人参鲍鱼煲鸡"等。

【初加工方法】将人参用温水浸泡至透，洗净，切成薄片即可使用。

【注意事项】

（1）无论是红参或是生晒参在食用时一定要循序渐进，不可操过量服食。

（2）秋冬季节天气凉爽，进食比较好；而夏季天气炎热，则不宜食用。

（3）注意每次用量3～5克，不宜与山楂、萝卜、茶一起食用。

（4）忌用铁锅煎煮。

2. 冬虫夏草

【品质鉴选】冬虫夏草是麦角菌科真菌，寄生在蝙蝠蛾科昆虫幼虫上的子座及幼虫尸体的复合体，干制后的虫草外壳呈淡黄色，虫壳完整，有些品种腹面足明显，有虫形外壳，虫的头部伸出菌体，看似虫的身子上长出草，是一种传统的名贵滋补中药材，主要产于我国青海、西藏、新疆、四川、云南、甘肃、贵州等省及自治区的高寒地带和雪山草原。挑选时以形体完整、虫体丰满肥大、外观黄亮、内部色白、子座短者为上品（图6-58）。冬虫夏草有调节人体免疫系统、抗肿瘤、抗疲劳等多种功效，同时还有滋肺阴、补肾阳的作用，常作为滋肺补肾、止血化痰、保肺、化痢、止嗽等的调补食品。

图6-58　虫草

【烹饪用途】常用于炖、煲的菜式，如"虫草炖蚬鸭""虫草花胶炖乳鸽""虫草灵芝煲鸡"等。

【初加工方法】先将虫草用冷水抓洗两遍，洗去其表面的灰沙，放在小碗里，加入葱姜、酒、清汤或水，上笼蒸约10分钟，待虫草体软饱满，即可取出备用。

【注意事项】每人每日用量为2～5克。

3. 石斛

【品质鉴选】石斛为兰科草本植物环草石斛、马鞭石斛等多种石斛的茎，主产于我国西南地区和广东、广西、安徽等省。挑选时以呈棕黄色，形状卷得严实，香味重，胶质多，味甘不苦者为上品（图6-59）。石斛具有补益脾胃、滋阴清热、养目，增强免疫功能的作用，因其含有多量的黏液质，对人体皮肤有滋润营养作用。

图 6-59 石斛

【烹饪用途】常用于炖、煲的菜式，如"石斛炖老鸭""西洋参石斛煲鸡"等。

【初加工方法】将石斛用清水浸泡 2 小时，洗净、砸扁即可使用。

【注意事项】

（1）石斛每天的用量 10 ～ 15 克 / 人，鲜品可用 30 克。

（2）要使石斛充分出味，最好是打成粉状再烹制。

4. 灵芝

【品质鉴选】灵芝又称灵芝草、神芝、芝草，是担子菌纲多孔菌科灵芝属真菌赤芝和紫芝的干燥子实体，产于华东、西南及吉林、河北、山西、江西、广东、广西等地，目前也有人工栽培，人工栽培的以赤芝质量最佳。挑选时以无虫蛀、无霉斑，菌盖背面金黄色或淡黄色，菌柄不要太长，菌盖直径 5 ～ 8 厘米，盖中心厚度 1 厘米以上，用手触摸较坚实者为质好（图 6-60）。灵芝对于增强人体免疫力、调节血糖、控制血压、保肝护肝、促进睡眠等均具有显著疗效。

图 6-60 灵芝

【烹饪用途】常用于煲、炖等烹调方法，常见的菜式有"灵芝杞子桂圆乳鸽汤""灵芝红枣煲蚬鸭""灵芝煲乌龟""灵芝炖猪腱"等。

【初加工方法】将灵芝洗净，用清水浸泡约 4 小时至软，切片后即可使用。

5. 红枣

【品质鉴选】红枣又名大枣，自古以来就被列为"五果"（桃、李、梅、杏、枣）之一，有"天然维生素丸"的美誉。挑选时以干燥不粘手，有紧实感，枣的果形短壮圆整，颗粒大小均匀，核小、皮薄，皱纹少而浅，掰开枣肉不见纹丝（断丝），肉色淡黄，口感甜味足，肉质细者为上品（图6-61）。红枣含有丰富的蛋白质、脂肪、有机酸、维生素A、维生素C及微量钙、多种氨基酸等营养成分，不仅是人们喜爱的果品，也是一味滋补脾胃、养血安神、治病强身的良药。产妇食用红枣，能补中益气、养血安神，加速机体复原；年老体弱者食用红枣，能增强体质、延缓衰老；尤其是一些从事脑力劳动的人及神经衰弱者，用红枣煮汤代茶，能安心守神、增进食欲。

图6-61　红枣

【烹饪用途】多用于汤菜，可调味、调色，常用于制作炖、滚、煲、蒸等菜式，如"红枣石斛炖鸡""红枣泥鳅汤""西洋参红枣煲竹丝鸡""红枣云耳蒸鸡"等。

【初加工方法】将红枣用清水浸泡20分钟，洗净、去核即可使用。

6. 杞子

【品质鉴选】杞子又称枸杞子，为茄科植物宁夏枸杞的干燥成熟果实，主产于宁夏、甘肃、新疆等地。挑选时以外观红色或紫红色，味甜，大小均匀，无油粒、破粒、杂质、虫蛀、霉变者为质佳，尤以色红、粒大、肉厚、籽少的宁夏枸杞为上品（图6-62）。杞子可调节人体的免疫功能，具有延缓衰老、抗脂肪肝、调节血脂和血糖、促进造血功能等作用。

【烹饪用途】常用于浸、煲、炖、滚等烹调方

图6-62　枸杞子

法，常见的菜式有"浓汤杞子浸鱼片""淮山杞子炖水鱼""杞子泥鳅滚瘦肉"等。

【初加工方法】将杞子用清水浸泡10分钟，洗净即可使用。

【注意事项】制作菜肴时要掌握杞子的用量，用量过多会产生酸味，影响菜肴的滋味。

7. 无花果

【品质鉴选】无花果为新鲜无花果的干制品。鲜无花果为倒圆锥形或卵圆形，果顶圆而稍平且易开裂（图6-63），单果重60～70克，果皮厚、紫红色，果肉鲜红色，含可溶性固形物16%，甜味。无花果大约在唐代传入我国，至今约有1300余年，国内的主要分布地区为新疆、山东、江苏、广西等地。挑选时以果干、肉质柔软，有清香气味，甜香宜人，含水量20%左右，无虫蛀、无霉菌、无杂质、无泥沙者为佳。无花果能助消化、促进食欲；因其含有多种脂类，故具有润肠通便的功效；可减少脂肪在血管内的沉积，进而起到降血压、预防冠心病的作用。

图6-63　无花果

【烹饪用途】常用来制作汤菜，炖汤如"无花果炖猪肺""无花果雪梨炖猪腱"等；煲汤如"无花果煲鲫鱼"等。

【初加工方法】将无花果用清水浸泡1小时，洗净即可使用。

8. 党参

【品质鉴选】党参别称东党、台党、口党，为桔梗科植物党参、素花党参（西党参或川党参）的干燥根，主产于山西、陕西、甘肃等地。挑选时以根条肥大粗壮、肉质柔润、香气浓、甜味重，嚼之无渣者为佳（图6-64）。党参有调节胃肠、抗溃疡、延缓衰老、抗缺氧、抗辐射、扩张血管、降压、增强造血机能、增强免疫力等功效。

图6-64　党参

【烹饪用途】常用于炖、煲、滚等菜式，如"党参北杏煲猪肺"、"党参黄芪炖鸡"等，也常用作"清香鸡"的配料。

【初加工方法】将党参用清水浸泡2小时，洗净，切成长3厘米的段即可使用。

9. 北芪

【品质鉴选】北芪即东北黄芪，又名膜荚黄芪，为豆科植物黄芪或内蒙古黄芪的干燥根，因盛产于我国北方，故名北芪，主产于内蒙古、东北、山西、甘肃、四川等地。挑选时以肉黄白、根粗长、质绵、折断粉性、味甜、无黑心及空心者为好（图6-65）。北芪有补气固表、利尿、脱毒排脓、生肌的功效，可提高人体抵抗力并有强心、降压、利尿、保肝、抑菌等作用。

【烹饪用途】常用于炖、煲、滚等烹调方法，或制作火锅汤底，常见的菜式有"北芪党参炖羊肉"、"北芪党参煲泥鳅"、"淮山北芪炖乳鸽"、"北芪肉苁蓉煲猪腱"等。

【初加工方法】将北芪片洗净，用清水浸泡20分钟即可使用。

图6-65　北芪

10. 五指毛桃

【品质鉴选】五指毛桃别名佛掌榕、粗叶榕、五爪毛桃、五爪牛奶、土黄芪、南芪等，其植物形态为小灌木或小乔木，全株茎果皮叶含乳液，根皮有香气，分布于我国南部及西南部。挑选时以棕黄色，根须细，闻之有一股淡淡的椰香味者为佳（图6-66）。五指毛桃具有平肝明目、滋阴降火、健脾开胃、益气生津、祛湿化滞、清肝润肺等作用，特别对支气管炎、食欲不振、慢性胃炎及产后少乳等病症有一定的食疗作用。

【烹饪用途】常用于煲的菜式，客家人自古以来就有采挖五指毛桃根用来煲鸡、煲猪骨、煲猪脚汤作为保健汤饮用的习惯，如"五指毛桃煲鸡"、"五指毛桃煲猪手"等。

【初加工方法】将五指毛桃用清水洗净，再用冷水浸泡30分钟，斩成长2厘米的小段即可使用。

【注意事项】煲时要用小火慢煲，煲出的汤有椰奶香味。

图 6-66　五指毛桃

11. 当归

【品质鉴选】当归为伞形科植物当归干燥的根。根头（归头）直径 1.5 ~ 4 厘米，具环纹，主根（归身）表面凹凸不平，支根（归尾）直径 0.3 ~ 1 厘米，上粗下细，多扭曲，主产于甘肃、云南，陕西、四川、湖北、贵州等地也有出产。挑选时以主根大、身长、支根少、断面黄白色、气味浓厚者为佳（图 6-67）。当归能使子宫平滑肌兴奋，有抗血小板凝集和抗血栓作用，并能促进血红蛋白及红细胞的生成；有抗心肌缺血和扩张血管作用，还有促进肝细胞再生和恢复肝脏某些功能的作用。

图 6-67　当归

【烹饪用途】常用于炖、煲、滚等菜式，如"当归炖羊腿""当归鳙鱼头汤"等。烹制鱼头、羊肉时放少量的当归可去除其腥味及臊味。

【初加工方法】将当归片洗净即可使用。

12. 桂圆肉

【品质鉴选】桂圆肉又名龙眼肉、桂圆干，是鲜龙眼烘成干果后剥出的肉，主产于福建、广东、广西、四川等地。挑选时以颗粒圆整，大而均匀，肉质厚，甜味足者为质佳（图6-68）。桂圆肉含有丰富的葡萄糖、蔗糖及蛋白质等，含铁量也较高，可在补充热量营养的同时，促进血红蛋白再生以补血，能治疗因贫血造成的心悸、心慌、失眠、健忘等症，还可降血脂、增加冠状动脉血流量。

图 6-68　桂圆肉

【烹饪用途】常用于煲汤、炖汤以及制作点心的配料等，如"桂圆银耳莲子汤""灵芝桂圆炖山瑞"等。

【初加工方法】将桂圆肉洗净即可使用。

13. 陈皮

【品质鉴选】陈皮又称新会皮、柑皮、广陈皮等，为芸香科植物橘及其栽培变种的干燥成熟果皮。由于其放置的时间越久，药效越强，故名陈皮。挑选时以干燥、薄身、褐色、香味浓者为质优（图6-69）。陈皮中含有大量挥发油、橙皮甙等成分，所含的挥发油对胃肠道有温和的刺激作用，可促进消化液分泌，排除肠道内积气，增加食欲。

图 6-69　陈皮

【烹饪用途】粤菜中常用于去除肉料膻味的香料，也是粤菜卤水盆和甜品的调香料。

【初加工方法】将陈皮洗净，用水浸泡至软透，刮去筋络即可使用。

【注意事项】陈皮偏于温燥，有干咳无痰、口干舌燥等症状的阴虚体质者不宜多食

14. 罗汉果

【品质鉴选】罗汉果为葫芦科多年生藤本植物干燥的果实，我国广西、广东、海南岛、江西等地均有分布。挑选时以个大形圆，色泽黄褐，摇不响、壳不破不焦，味甜而不苦者为上品（图6-70）。罗汉果含大量葡萄糖和三萜甙甜味素，比砂糖甜300倍，还含有丰富的果糖及多种维生素等。具有生津止渴、清肝润肺、化痰止咳、润肠通便等功效。

图6-70　罗汉果

【烹饪用途】粤菜中常用于煲汤，如"罗汉果雪梨煲猪肺"，也可用于泡茶。

【初加工方法】将罗汉果洗净，敲碎成块状即可使用。

15. 土茯苓

【品质鉴选】土茯苓为百合科植物光叶菝葜的干燥根茎，主产于广东、湖南、湖北、浙江、四川等地。其根茎近圆柱形或不规则条块状，有结节状隆起；长5～22厘米，直径2～5厘米；表面黄棕色，凹凸不平，凸起尖端有坚硬的须根残基，分枝顶端有圆形芽痕，有时外表有不规则裂纹，并有残留鳞叶，质坚硬，难折断；切面类白色至淡红棕色，粉性，中间微见维管束点，并可见沙砾样小亮点（水煮后依然存在）。挑选时以断面淡棕色、纤维少、粉性足者为佳（图6-71）。土茯苓有解毒散结、祛风通络、利湿泄浊的功效。

图6-71　土茯苓

【烹饪用途】粤菜中常用于炖汤、煲汤，常见的菜式有"土茯苓炖水鱼""土茯苓煲龟"等。

【初加工方法】将土茯苓洗净，用水浸泡至透身即可使用。

【注意事项】

（1）肝肾阴虚者慎服。

（2）忌用铁锅烹煮，忌与茶同服。

16. 天麻

【品质鉴选】天麻为兰科天麻属植物天麻的干燥块茎，主产于安徽大别山、陕西秦巴山区及四川、云南、贵州等地。挑选时以顶端有红棕色芽苞，底部有脐形疤痕，外表可见毛须痕迹，质坚硬，半透明，断面角质状者为佳（图6-72）。天麻气味甘苦，嚼之爽脆，有镇静、镇痛、抗惊厥的作用，能增加脑血流量，降低脑血管阻力，轻度收缩脑血管，增加冠状血管流量，还能降低血压、减慢心率，对心肌缺血有保护作用。

图6-72　天麻

【烹饪用途】粤菜中常用于煲汤、炖汤，常见的菜式有"天麻煲鱼头"等。

【初加工方法】将天麻洗净，用水浸泡至软透，切成片即可使用。

17. 何首乌

【品质鉴选】何首乌为蓼科植物何首乌的干燥块根，纺锤形或团块状，一般略弯曲，长5～15厘米，直径4～10厘米，表面红棕色或红褐色，凹凸不平，有不规则的纵沟和致密皱纹，并有横长皮孔及细根痕，质坚硬，不易折断，味微苦而甘涩，主产于四川、河南等地。挑选时以体重、质坚实、粉性足者为佳（图6-73）。何首乌有补益精血、乌须发、强筋骨、补肝肾等功效，经常食用可以促进造血功能，增强免疫力。

【烹饪用途】常用于炖汤和煲汤，常见的菜式有"何首乌炖乌鸡""何首乌黑豆煲牛腱"等；也可用于制作糕点，如"首乌饼"。

【初加工方法】将何首乌洗净，用热水浸泡约4小时至软，切片后即可使用。

图 6-73 何首乌

18. 鹿茸片

【品质鉴选】鹿茸是鹿科动物梅花鹿或马鹿尚未骨化的幼角，雄鹿的嫩角没有长成硬骨时，带茸毛，含血液，叫作鹿茸。挑选时以茸体饱满、挺圆、质嫩、毛细、皮色红棕、体轻、底部无棱角者为佳（图 6-74）。鹿茸可提高人体细胞免疫和体液免疫功能，促进淋巴细胞的转化，具有提高免疫力的作用，还有增加机体对外界的防御能力，调节体内免疫平衡而避免疾病发生和促进创伤愈合、病体康复。

图 6-74 鹿茸片

【烹饪用途】常用于炖汤，常见的菜式有"归杞鹿茸炖牛鞭""人参鹿茸炖鸡"等。

【初加工方法】将鹿茸片用清水洗净，浸泡 30 分钟后即可使用。

19. 三七

【品质鉴选】三七又称田七，为五加科草本植物三七的干燥根，其主根呈圆锥形或圆柱形，表面灰褐色或灰黄色，有断续的纵皱纹及支根痕，周围有瘤状凸起，主产于我国云南、广西等地。选择时以颗大、坚实、滑身、无枝爪者为优（图 6-75）。三七既有药物的治疗作用，又有食品的补养、充饥作用。药用时可散瘀、消肿、止痛，有良好的止血功效、显著的造血功能；有加强和改善冠脉微循环、扩张血管的作用；有较强的镇痛作用，具有抗疲劳、提高学习和记忆能力的作用；抗炎症作用；具有免疫调节剂的作用，能使过高或过低的免疫反应恢复正常，但不干扰机体正常的免疫反应；抗肿瘤作用；抗衰老、抗氧化作用；降低血脂及胆固醇作用。

图6-75　三七

【烹饪用途】常用于煲汤和炖汤，常见的菜式有"田七煲竹丝鸡""田七炖猪腱肉"等。

【初加工方法】将三七洗净，用温水浸泡至透身，切成薄片后即可使用。

三、食疗原料的储存

食疗原料都含有淀粉、脂肪、糖类、蛋白质、氨基酸、有机酸、纤维素、鞣质等成分，另外还含有维生素类、无机元素，当环境温度和湿度适宜时极易滋生昆虫或细菌，发生虫蛀或霉变，加速原料变质。其储存方法是：

（1）脱水储存

将食疗原料晒干或用烤箱、微波炉适当烘烤后再密封储存。

（2）密封储存

可用真空包装袋装入原料后，进行真空或密封处理后储存。

思考与练习

1. 怎样挑选冬菇？冬菇在饮食业中有何用途？应怎样初加工才能达到要求？

2. 粤菜中的"三菇""六耳"是什么？

3. 动物性干货原料的涨发方法有哪几种？

4. 简述鱼肚不同烹饪用途的涨发方法。

5. 怎样挑选石斛？

6. 土茯苓有哪些食疗价值？

> 第七章

调辅原料知识

学习目标

1. 认识常见调辅原料的名称、特征和分类
2. 熟悉常见调辅原料的品质鉴选、烹饪用途

调味料是烹调过程中主要用于调和菜肴滋味的原料统称。从"民以食为天，食以味为先"的说法可见调味在烹调中的重要性，而味的调配、调和除了与厨师的技术有关外，与调味品的关系也非常密切。粤菜调味的总体特点是选料广泛、新奇且新鲜，菜肴口味清淡，味别丰富，讲究清而不淡、嫩而不生、油而不腻，有"五滋"（香、松、软、肥、浓）"六味"（酸、甜、苦、辣、咸、鲜）之别，时令性强，夏秋讲清淡，冬春讲浓郁。

烹调菜肴除了要调味外，还要调理菜肴的色、香、质等方面，所使用的原料为辅料，与调味料合称为调辅料。

调辅料的种类多样，按形体可分为粉状、粒状、液状、稀酱状、浓酱状、油状、膏状等七大类；按味型又可分为咸、甜、酸、苦、辣、鲜。

第一节　调味原料

一、咸味

咸味是一种非常重要的基本味，它在调味中的作用是举足轻重的，人们常称咸味是"百味之主"，是调制各种复合味的基础。咸味能解腻、提鲜、除腥、去膻，能突出原料的鲜香味道。咸味调料主要包括普通食盐和一些含有食盐的其他调味品，见表7-1。

表 7-1 咸味调料

名称	品质特征	烹饪用途
普通盐	主要成分是氯化钠，根据其来源不同可分为海盐、井盐、池盐、岩盐等。根据加工工艺不同又有粗、精盐之分	是人体生理活动中必不可少的营养物质。吃咸吃淡，因人而异。国人的饮食习惯大致为南甜北咸，东辣西酸。一个健康的成年人每天大约需要 10 克以内的食盐，低于 6 克会影响人体的正常生理机能，吃盐过多易患高血压病。常用于各种原料的腌渍及菜肴的基本调味
低钠盐	顾名思义，该盐的成分中，钠元素的含量较普通盐低，比普通盐咸味淡一些	主要用于身体营养需要或特殊人群菜品的调味
加锌盐	在普通食盐的基础上添加了一定数量的锌元素，使之成为一种营养型的食盐	主要用于身体营养需要或特殊人群菜品的调味
加碘盐	主要针对我国一些山区或边远地区人体缺碘的情况研制生产	在使用加碘盐时，不要在爆锅时或高温条件下加入碘盐，以避免碘的挥发
风味型食盐	是一类新型食盐，不像一般食盐易受空气中湿气的作用而发生潮解，具有较好的防结块效果。品种有柠檬味食盐、香辣味食盐、芝麻香食盐等	这种盐可直接撒在炒菜、凉拌菜上，或作为快餐酒宴上的桌上调味品，味极美且使用方便，用途广泛
调和盐	以优质精盐加入多种香料或其他原料调制而成，有淮盐、大虾盐、椒盐、辣椒盐、花椒盐等	宜用于汤、凉菜、热菜、汤面，可增加菜品的鲜味，除椒盐做法外，一般不宜爆炒
五香粉	由超过 5 种的香料研磨成粉状混合在一起，基本成分是磨成粉的花椒、肉桂、八角、丁香、小茴香子等。有些配方里还有干姜、豆蔻、甘草、胡椒、陈皮等	常用于在煎、炸前涂抹在鸡、鸭肉类上，也可与细盐混合作佐料之用。广泛用于东方料理中辛辣口味的菜肴，尤其适用于烘烤或快炒、炖、焖、煨、蒸、煮类菜肴的调味。其名称来自中国文化对酸、甜、苦、辣、咸五味要求的平衡。一般人群均可食用，怀孕早期不宜食用
沙姜粉	是沙姜晒干后磨成的粉，比一般的辣椒粉味道浓烈	可诱出食物的香味，增加鲜味，如制作"隔水沙姜鸡""沙姜焗猪脷"等。

续表

名称	品质特征	烹饪用途
盐焗鸡粉	盐焗鸡香料是做盐焗鸡食材的统称，而盐焗鸡粉是从盐焗鸡中提取的粉状（类似于鸡粉，鸡精）调味料	常用于盐焗的菜式调味和腌渍肉料，如"东江盐焗鸡"
孜然粉	主要由安息茴香与八角、桂皮等香料调配磨制而成，口感风味极为独特，富有油性，气味芳香而浓烈	主要用于调味，是烧、烤食品必用的上等佐料，同时也是配制咖喱粉的主要原料之一。用孜然粉加工牛羊肉可去腥解腻，并使肉质更加鲜美芳香，增加食欲，如"串烧羊肉串""孜然牛肉"等

二、甜味

甜味又称甘味，是基本味之一，指各类糖、蜂蜜以及各种含糖调味品的味道。呈甜味的物质有单糖、低聚糖、果糖、葡萄糖、乳糖及糖精等。食糖与烹饪的关系十分密切，许多菜肴的味道中都会呈现出一定程度的甜味，菜肴甘美可口、滋味调和，同时加入的食糖还可以提供人体一定的热量。

愉快的甜味感应甜味纯正、强度适中，入口后能很快达到甜味的最高强度，并且还能迅速消失。自然界中能够呈现甜味的物质有多种，人工合成的甜味剂也很多，近年来新的甜味剂仍在继续地被发现或合成，但在烹饪中常用的甜味调料并不是太多，主要有红糖、白糖、冰糖、麦芽糖、糖精等，而红糖、白糖、冰糖的主要甜味成分都是蔗糖，因此蔗糖是一种最重要的甜味调料。常用的甜味调料见表7-2。

表7-2　　　　　　　　　　甜味调料

名称	品质特征	烹饪用途
白糖	由甘蔗或甜菜榨出的糖蜜制成的精糖，色白、干爽、甜度高，分白砂糖和绵白糖两类	常用于制作各式甜品或日常菜肴的调味，也用于烹调中缓和酸味、甜品粘接、菜肴拔丝、挂霜、起色、防腐等
片糖	红片糖以颜色红润，中间夹心均匀为佳（一般为1/3厚度）。无夹心或夹心少的为次品	常用于熬制米酒，加片糖比加砂糖熬制的米酒更加香醇。在烹调中起增甜和制作汤水调味之用。在制作风味菜中作为甜味调料

续表

名称	品质特征	烹饪用途
冰糖	是砂糖的结晶再制品,由于其结晶如冰状,故名冰糖。自然生成的冰糖有白色、微黄、淡灰等,此外,市场上还有添加了食用色素的各类彩色冰糖(主要用于出口),如绿色、蓝色、橙色、微红、深红色等	用于增甜、制作汤水等,也用于制作酱汁甜味的调料
麦芽糖	是淀粉在淀粉水解酶的作用下产生的中间物。因在麦种发芽时,其中麦芽糖含量较高而得名。麦芽糖的熔点为102~103℃,比重为1.54克/立方厘米,易溶于水而微溶于酒精,不溶于醚。麦芽糖的甜度约为蔗糖的1/3,甜味较爽口,不像蔗糖那样刺激胃黏膜,营养价值是糖类中较高的	常用于制作脆皮浆、原料的着色、风味特殊偏甜的菜式
蜂蜜	不但具有很浓的甜味,且所含的营养成分也十分丰富。除富含糖类外,还含有多种有机物、酯类及微量元素等	是烹饪中常用的一种甜味调料,广泛用于制作糕点和一些风味菜肴的调味
甘草	是我国民间使用的一种天然甜味剂	可在食疗、食补、药膳或烹饪中作为甜味调料,常用于各式卤水的药材原料

三、酸味

酸味是一种基本味,自然界中含有酸味成分的物质很多,大多是植物原料,主要有醋、醋精、酸梅及泡菜的乳酸、腌渍菜的醋等多种有机酸。它的产生主要是由于酸味的物质解离出的氢离子,在口腔中刺激人的味觉神经后而产生酸味,酸味有除腥、解腻、提鲜、增香等作用。烹饪中常用的酸味调味品有食醋、柠檬汁、番茄酱、草莓酱、山楂酱、木瓜酱、酸菜汁、苹果酸、浆水等。

食醋的味酸而醇厚,液香而柔和,是烹饪中一类必不可少的调味品,其主要成分是乙酸、高级醇类等,常用的主要有米醋、熏醋、糖醋、酒醋、白醋等。

酸味调料在烹饪中有以下作用:

(1)调和菜肴滋味,增加菜肴的香味,去除原料的不良异味。

(2)具有一定的抑菌、杀菌作用。

(3)在原料的加工中,可防止某些果蔬类变色,如煮藕时稍放些醋,可使其洁白。

（4）能使肉类原料软化。

（5）能调节和刺激人的食欲，促进消化液分泌，有助于食物的消化吸收。

（6）能减少原料中维生素 C 的损失，促进矿物成分的溶解，提高菜肴的营养价值和人体的吸收利用率。

烹饪中常用的食醋还有山西老陈醋、镇江香醋、四川保宁醋、江浙玫瑰米醋、福建红曲老醋及凤梨醋、苹果醋、蒸馏白醋、葡萄醋、麦芽醋、色拉醋、合成醋、加铁强化醋、红糖醋等。常用的酸味调料见表 7-3。

表 7-3　　　　　　　　　　　　　　　酸味调料

名称	品质特征	烹饪用途
白醋	无色，味道单纯。除了 3%～5% 的醋酸和水之外，不含或极少含其他成分。以蒸馏过的酒发酵制成，或直接用食品级别的醋酸兑制	西餐中用于制作泡菜（酸味来自醋而不是发酵），中餐中是调制糖醋汁、凉拌汁的主要调料
陈醋	色泽棕红，有光泽，较浓稠；有醋香、酯香、熏香、陈香，味浓郁、协调、细腻；食之绵酸、醇厚柔和、酸甜适度、微鲜、口味绵长	常用于调制风味汁及菜点的作料
大红浙醋	是浙江的特产，发酵食醋，液态，具有酸爽、清甜、透亮等特点	主要用于调制脆皮浆及面点的佐食味料，也常用于调制酱汁、制作凉拌菜
甜醋	又叫"添丁甜醋"，醋的一种，偏甜，是广东妇女生产后传统的用于补身之用的调味醋	可用原醋兑水饮用，也可与黑米醋混合煲姜、煲猪手、煲鸡蛋等风味食品
番茄酱	是鲜番茄的酱状浓缩制品，鲜红色，具番茄的特有风味，是一种富有特色的调味品，一般不直接食用。番茄酱是形成港粤菜风味特色的一种重要的调味料	常用于调制糖醋汁，也可用于焖、炒、焗、煎、烧、炸菜品的调味，如"番茄焖鲜鲍""西汁焗猪扒"等

四、苦味

苦味是"五滋六味"（酸、甜、咸、苦、辣、鲜）之一，属于基本味。在自然界中，苦味物质要比甜味物质的种类多很多，如分布于植物体内的生物碱、苷类、内酯和肽类等化合物，有不少就是属于苦味的；动物体内的胆汁也具有很强的苦味。

烹饪中常用的苦味原料有茶叶、啤酒、咖啡、苦瓜、苦菜、菊花、杏仁、陈皮、可可、莲子、白果、苦竹笋、荷叶、太子参、西洋参等，这些苦味原料入菜后，不仅能赋予菜肴独特的风味，还有祛暑解热、消除异味的作用。

五、辣味

烹饪中常用的辣味原料有辣椒、胡椒、鲜大姜、大葱、芥末等。

1. 辣椒

辣椒又称番椒、辣子、海椒、辣茄等，是烹调中常用的辣味原料中最重要的一种。辣椒或用辣椒作为主要调料的菜肴不能食入过多，因辣味物质辣椒素和二氢辣椒素对人体有较强的刺激作用，食入过多易引起口干、咳嗽、嗓子疼痛、大便干燥等不良症状。烹制中若希望菜肴中的辣味淡化些，但又不失辣椒的原有风味，可将辣椒洗净，用刀切开去籽，放入冷水中浸泡，可减少辣味。

烹饪中常用的辣椒调料有干辣椒、辣椒粉、辣椒油、辣椒酱、泡辣椒等，见表7-4。

表7-4　　　　　　　　　　　　辣椒调料

名称	品质特征	烹饪用途
鲜辣椒	是一种茄科辣椒属植物，一年或多年生草本植物。果实通常呈圆锥形或长圆形，未成熟时呈绿色，成熟后为鲜红色、黄色或紫色，以红色最为常见。辣椒的果实因果皮含有辣椒素而有辣味，可增进食欲。辣椒中维生素C的含量在蔬菜中居第一位	粤菜烹调中多用于制作料头和烹制辣味菜式的主要调味原料，如"尖椒炒肉丝""剁椒蒸鱼头"等
泡辣椒	将粗盐放入锅中，加（200克）水浇沸，使盐溶化成为卤汁，将辣椒去蒂去籽洗净切成小块，晾干，取泡菜坛反复用开水洗净、消毒，将干透的辣椒块放入坛内，倒入卤汁，浸没辣椒，然后滴入少许白酒盖好盖，腌泡1个月左右即成泡辣椒	烹调中常用于"水煮鱼""酸菜鱼"等菜肴的主要调料和烹调菜肴的料头

续表

名称	品质特征	烹饪用途
辣椒酱	辣椒酱选用优等朝天椒，经淘洗、精拣、破碎熬制而成，色泽鲜红，辣椒酱的红色来自辣椒的本色。因熬制时添加了 20 余种香料，所以具有独特的纯正香味	烹调中常用于菜肴上色、增加辣味，也可作蘸料使用

2. 胡椒

胡椒又称木椒、浮椒、玉椒、古月等，是胡椒科植物的干燥种子，有白胡椒和黑胡椒之分（图 7-1）。烹饪中常用于汤的调味，一般加工成粉状，用于冷热菜或烹制内脏、海味类菜肴，具有去腥、提味、增鲜的作用。胡椒的主要辣味成分是椒脂碱和挥发油，中医认为其味辛辣热，可止痛、开胃、顺气。

白胡椒　　　　　　　　　　　黑胡椒

图 7-1　胡椒

胡椒气味芳香，是人们喜爱的调味品之一。胡椒大部分都生长于高温和长期湿润地区，性味辛热，因此温中散寒止痛的作用比较强。生长地点越偏南方的胡椒，性越温热，因为充分吸收了南方的阳热之气，所以，海南胡椒温热力最强。

胡椒香中带辣，可去腥提味，在粤菜烹调中常用于汤菜的调料和菜式料头，更多地用于烹制内脏、海鲜类菜肴，常见的菜式有"胡椒水浸鱼头""濑尿虾""花蟹"等。

3. 鲜大姜

鲜大姜又称生姜，姜科姜属（图 7-2），为多年生宿根草本植物，原产于印度、马来西亚的热带雨林地区，在我国栽培历史悠久。作为一年生经济作物栽培，是我国特有的重要蔬菜品种，也是我国人民普遍使用的香辛调味蔬菜，有"菜中之祖"的称号。生姜也是良好的中药材，可抑制肠内异常发酵，促进气体排泄，增强血液循环，具有温暖、发汗、止嗝、解毒等作用，可健胃、镇吐、祛寒、防暑、发汗。

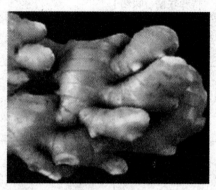

图 7-2　生姜

【烹饪用途】生姜具有特殊的香辣味，烹调时常切成丝、片、指甲片、茸等形状用作"料头"，起去腥膻、增鲜、添香的作用。生姜除直接作调味品外，还可加工制成姜汁、姜粉、姜汁酒、姜油等，也可盐渍、糖渍、酱渍制成多种食品。用嫩姜加工成姜芽，可用于炒的配料。常见的菜式有"子萝炒牛肉""姜冲奶"等。

六、鲜味

鲜味是体现菜肴滋味的一种十分重要的味，它是一种独立的味。鲜味调料是指能提高菜肴鲜美滋味的各种调料。烹饪中常用的鲜味调料主要有味精、酱油及各种酱（汁）类。

1. 味精

味精又称味素，是调味料的一种，主要成分为谷氨酸钠，白色，形状有粉状和颗粒状两种。味精用于烹调主要用作菜肴的增鲜剂，使用时须与食盐搭配才能起作用，故适用于咸鲜味型的菜肴，酸甜味型的菜肴一般不用。味精的用量应恰当，不可掩盖菜肴的主味和原料的本味。味精的种类有普通味精、强力味精、复合味精和营养强化型味精，见表 7-5。

表 7-5　　　　　　　　　　　味精调料

名称	说明	烹饪用途
普通味精	在 100℃以上的高温时使用味精，谷氨酸钠会转变为致癌物质——焦谷氨酸钠	常用于菜肴提鲜和腌渍原料

续表

名称	说明	烹饪用途
强力味精	又称超鲜味精、特鲜味精、味精精王等，是工业化生产的第二代味精，可使菜肴的鲜度提高几倍到几十倍不等	使用时尽量不要与新鲜原料接触，避免新鲜原料中所含的酶被分解，失去其呈鲜效果，导致鲜味下降
复合味精	又称特色味精，是味精的第三代产品	常用于菜肴或各式汤水的调味
营养强化型味精	包括低钠味精、中草药味精、新型复合味精、五香味精、芝麻味精、香菇味精、番茄味精等	用于特殊风味菜式的调味

味精在菜肴调味增鲜方面的确有一定的作用，但不顾实际情况，不采取科学的调味方法，一味地依靠添加味精求得菜肴鲜美的做法是不恰当的。使用味精最适宜的浓度是0.2% ~ 0.5%。要使味精达到提鲜的最佳效果，首先要适时投放，即菜肴成熟时或出锅前加入；其次要适温，味精的最佳溶解温度为70 ~ 90℃。

2. 酱油

酱油是一种酿造类调味品，以蛋白质和淀粉为主要成分，经酶或催化剂的催化水解，生成多种氨基酸及各种糖类，再经过复杂的生化变化合成液状的调味料。酱油除了含盐外，还含有多种氨基酸、糖类、有机酸等成分，具有特殊的风味。酱油按加工方法不同可分为酿造酱油和配制酱油；按色泽可分为深色酱油（如老抽，用于调色）、浅色酱油（如生抽）和白酱油（用于调味）等；按加入的配料不同，还有风味类的酱油（如草菇老抽）。酱油不仅可以定味、增鲜，还可增加菜肴色泽，增加菜肴的香气及起到去除异味、解腻的作用。烹饪中常用的几种酱油调料见表7-6。

表7-6 酱油调料

种类	品质特征	烹饪用途
生抽	酱油的一个品种，以大豆、面粉为主要原料，人工接入种曲，经天然曝晒、发酵而成。生抽色泽红润，滋味鲜美协调，豉味浓郁，清澈透明，风味独特。生抽颜色比较淡，呈浅红褐色，味道较咸	常用于肉类原料的腌渍、菜品的调味

续表

种类	品质特征	烹饪用途
老抽	酱油的一个品种，在生抽的基础上，将发酵好的酱油再晒制 2 ~ 3 个月，经沉淀过滤即为老抽，其滋味比生抽更加浓郁，因加入了焦糖色，颜色很深，呈棕褐色，有光泽，吃进嘴里后有种鲜美微甜的感觉	一般用于菜肴上色，在粤菜烹调中常用于"炸猪手""扣肉""扣红鸭"的上色以及菜肴的调味和颜色搭配
白酱油	即无色酱油，以黄豆和面粉为原料，经发酵成熟后提取而成	烹调中用于调味，也是西餐中常用的一种调料。白酱油应在菜肴将要出锅时加入，不宜长时间加热
美极鲜味汁	由蔬菜蛋白质提炼而成的高蛋白质调味料，最能突显食物的鲜美滋味	常用于炒、焖、凉拌等菜式的调味，使用时轻洒几滴，不必再加酱油或味精，即可提升食物的原味，让菜肴更可口。同时也是调制如美极汁、烧汁、海鲜豉油等调味汁的调料
鱼露	用小鱼虾为原料，经腌渍、发酵、熬炼后得到的一种味道极为鲜美的汁液，色泽呈琥珀色，有咸味和鲜味	常用于烹制海鲜、沙拉及其他菜肴的调味，如"鱼露焖海鱼"。也可作为蘸料作额外调味之用，如食用"煎蚝饼"时。还是调制潮州卤水、海鲜豉油等的主要调味原料

3. 酱类

　　酱是以豆类、粮食为主要原料，经发酵制成的一类糊状物。烹饪中使用的酱有原酱和复合酱两类，原酱有面酱甜面酱、大豆酱（面豉、豆酱）、蚕豆酱等；以原酱为基础加入若干种调料加工而成的酱称为复合酱。烹饪中常用酱类调料见表 7-7。

表 7-7　　　　　　　　　　　　　　　　酱类调料

名称	品质特征	烹饪用途
黄豆酱	也称黄酱，使用上等黄豆、山泉纯净水、小麦粉、精制盐，经科学配方，严格执行石窖技术酿制而成。产品滑润、香郁，鲜甜可口，豆香自然，口感酱质甘醇，入口爽滑，色泽透亮，粒粒可见	适用于烹制风味独特的黄豆酱焗鸡、鹅、鸭，并可用于焖、煲、蒸、焗等菜式的调味，也常用于红烧酱的调制

名称	品质特征	烹饪用途
柱侯酱	由豆酱、酱油、食糖、蒜肉、食用油等原料精制而成，色鲜味美、香甜适中，有芬芳的豉味，是别有风味的调味佳品。100多年来，柱侯酱成为佛山最有特色的食品配料之一，远近闻名，深受人们的称道	适用于烹制风味独特的柱侯鸡、鹅、鸭，并可于焖、炒、蒸、焗、煎等各种肉类菜肴，也可用于调制酱汁，如煲仔酱、田螺酱等
海鲜酱	是一种富有特色的调味品，具有浓郁的鱼香味、海鲜味	常用于烹制鱼香类菜肴及各种味碟，可用于焖、炒、煲、蒸、焗、煎等各种肉类菜肴，并常与柱侯酱搭配烹制各种菜肴，也是调制焖牛腩、煲仔酱、田螺酱的主要调料
花生酱	用上等花生仁，经筛选、焙炒、磨酱等工序制成，黄褐色，质地细腻，味美，具有花生固有的浓郁香气，不发霉、不生虫	一般用作拌面条、馒头、面包或凉拌菜以及烹制菜肴等的调味品，也是做甜饼、包子等馅心的配料。并可用于焖、炒、蒸、焗、煎等各种肉类菜式的调味，也是调制煲仔酱、田螺酱的主要调料
芝麻酱	用上等芝麻经筛选、水洗、焙炒、磨酱等工序制成，是深受大众喜爱的香味调味品之一	是涮肉火锅的调料之一，并可用于焖、炒、煲、蒸、煎等各种肉类菜肴，也是调制煲仔酱、田螺酱的主要调料
沙茶酱	是盛行于福建、广东等省的一种混合型调味品。其色泽淡褐，糊状，具有大蒜、洋葱、花生米等特殊的复合香味，虾米和生抽的复合鲜咸味，以及轻微的甜、辣味	可直接蘸食佐餐；可调制出别有风味的复合味，用于烹制"沙茶牛柳""沙茶鸭脯"等佳肴；可配制成港式新潮"沙咖汁"，用于烹制"沙咖牛腩煲""沙咖煸明虾"等港派名菜；也适宜于烧、焖、煨、涮、灼等烹调方法的调味
豆瓣酱	以大豆和面粉为主要原料，经各种微生物相互作用，产生复杂的生化反应酿造出来的一种红褐色调味料。同时，根据消费者的习惯不同，在生产豆瓣酱的过程中配制了香油、豆油、味精、辣椒等原料，从而增加了豆瓣酱的品种	可用于作料和独特风味菜的调味，也可用于焖、炒、煲、蒸、焗、煸、煎、烧、灼等菜式的调味，如"豆瓣酱炒花肉""豆酱煸鸡"等

续表

名称	品质特征	烹饪用途
磨豉酱	广东特有的调味料，由腌渍过的黄豆糟粕添加糖和香料研磨制成，故称磨豉酱	因风味特殊，常作为焖制菜式的调料。还可用于炒、蒸、焗、煎、烧、灼等菜式的调味，如"生焖兔肉"等
XO 酱	XO 酱首先出现于 20 世纪 80 年代香港的一些高级酒家，并于 20 世纪 90 年代开始普及。制作 XO 酱的原料没有一定标准，主要包括瑶柱、虾米、金华火腿及辣椒等，味道鲜中带辣	常用于一些高档菜式，并可用于焖、炒、焗、煎、烧、炸、灼、捞、蒸等菜式的调味，如"XO 酱炒象拔蚌"
OK 汁	是一种突出酸甜、香型的调味品，主要原料有果汁、番茄沙司、胡萝卜、糖、果酸等	一般用于炸制品、酸甜菜品的淋汁，也用于调制糖醋汁，并可用于焖、炒、焗、煎、烧、炸、灼等各种肉类菜肴的调味，如"OK 汁焗牛柳"等
豆豉	以大豆或黄豆为主要原料，利用毛霉、曲霉或细菌蛋白酶的作用，分解大豆蛋白质，达到一定程度时，加盐、加酒，用干燥等方法抑制酶的活力，延缓发酵过程而制成。豆豉的种类较多，按加工原料可分为黑豆豉和黄豆豉；按口味可分为咸豆豉和淡豆豉，以广东阳江出产的豆豉最优	在粤菜烹调中常用于豆豉鸡、鸭、鹅的调料，及制作豉汁酱的主要原料，并可用于蒸、炒、焖等各种肉类和海鲜菜肴的调味，如"豉汁蒸带子""豉汁炒花甲"等

小知识

生抽与老抽的区别

看颜色：可以把酱油倒入一个白色瓷盘里晃动并观察其颜色，生抽是红褐色的，而老抽是棕褐色并且有光泽。

尝味道：生抽吃起来味道比较咸；老抽吃到嘴里有一种鲜美的微甜。

第二节　调香原料

　　菜肴的香味是评判其质量优劣的一个重要标准。在烹饪加工过程中，常需要添加适量的调香原料，用以改善或增加菜肴的香气，或掩盖某些菜肴中的不良气味，如腥气。在烹饪过程中由于使用了香味调料，使菜肴的香气大大超过原料固有的香气，而形成一种复合香味，使人产生愉快感，增加进餐者的食欲。

　　调香原料的种类较多，常用的有新鲜调香原料（如葱、姜等）和干货调香原料（如花椒、大料等）两类。烹饪中常用的干货调香原料及其烹饪用途见表7-8。

表7-8　　　　　　　　　常用干货调香原料

名称	品质特征	烹饪用途	图片
花椒	又称山椒、巴椒、川椒，是芸香植物花椒的果实。挑选时以鲜红光艳、皮细均匀、气味麻辣、种子少、无异味者为佳	适用于多种烹调方法，还可用于制作面点、小吃的调料，也是调制卤水的原料	
桂皮	即桂树的树皮，也称肉桂、五桂皮，以广西所产的桂皮质量最好。桂皮以皮层厚、油性大、香气浓、无虫蛀、无霉斑者为上品	除了调香作用外，也是调制卤水的原料	
丁香	也常称为丁子香，由采集的丁香花蕾经干燥制得，以香味浓郁、有光泽者为上品	是调制卤水的原料	
八角	又称大茴，是八角树的果实，学名八角茴香，为常用调香原料。八角因能除去肉的中臭气，使之重新添香，故又名大茴香。八角是我国的特产，盛产于广东、广西等地。颜色紫褐，呈八角，形状似星，有甜味和强烈的芳香气味，香气来自其挥发性的茴香醛	是制作冷菜及炖、焖类菜肴不可缺少的调味品，其作用为其他香料所不及，也是加工五香粉、调制卤水的主要原料	

名称	品质特征	烹饪用途	图片
小茴香	又称小茴、小香，其外观如稻粒，色泽为灰色至深黄色，有较浓郁的香味，味辛性温。以颗粒均匀、饱满、色泽黑绿、气味香浓者为最佳	常在卤菜制作中与花椒配合使用，能起到增香味、除异味的作用	
紫苏	为唇形科紫苏属植物紫苏的带叶嫩枝。紫苏既可药用，又能食用。烹饪中常用的是紫苏的叶片，经干燥后可长期储存	可用于焖、煲、蒸、煎、炸等肉类菜肴，如"紫苏炒田螺""紫苏焖鸭"等，也可用新鲜的紫苏叶直接烹调，如"炒田螺"，能增香、掩盖异味	
肉豆蔻	又名肉果，为植物肉豆蔻的果实，经干燥后加工所得。以果实饱满、个大坚实、香味强烈者为上品	在卤菜中起增香去除异味作用	
草果	是烹饪中常用的一种香味调料，味辣而稍有甜味。以果大饱满，色泽红润，香味浓郁，无异味者为上品	除了增香外还有一定的脱臭作用，也是调制卤水的原料	
白芷	又称大活，主要产于东北地区，以野生的为好。味辛、性温、有浓郁的香味	常用于药膳菜肴的配料，如"白芷川弓炖鱼头"	
砂仁	是姜科豆蔻属植物的果实，含有一定的油脂成分	烹调中主要起解腥除异、调香的作用	

名称	品质特征	烹饪用途	图片
薄荷	土名"银丹草"，为唇形科植物，多生于山野湿地河旁，其根茎横生地下，全株气味芳香，叶对生，花小，淡紫色，唇形，花后结暗紫棕色的小粒果。薄荷也是常用中药	烹调中以使用新鲜的叶片为多，可用于焖、炒、焗、煎、烧、灼等菜式的调味，如"薄荷焗羊扒"	
香叶	又称月桂叶，是桂树的叶子	在烹调中以脱臭为主，增香为次，也是调制卤水的原料	
南姜	又称高良姜或芦苇姜，原产于我国南方，现于东南亚普遍栽培。其辣中带甜的风味类似肉桂，但具有辛呛味。目前，南姜仅潮汕地区及东南亚地区仍在使用，其他各地已经极少见	除药用外，还大量用做调味料（如盐焗鸡粉等）、香料、药酒及驱虫剂等。南姜粉为制作"五香粉"的原料之一，也是潮州卤水常用的配料	
沙姜	又称山柰，为一年生草本植物。以广东南盛出产的沙姜为质优。沙姜呈褐色，略带光泽，经晒不瘪，皮薄肉厚，质脆肉嫩，味辛辣带甜，含姜辣素高	烹调中常用于多种菜肴的制作，如"白切鸡""沙姜鸡"等，也用作调味料（如盐焗鸡粉等）、香料以及腌制原料等	
香茅	又称香蒿，是禾本科香茅属约55种芳香性植物的统称，为常见的香草之一。因有柠檬香气，故又被称为柠檬草	烹调中可用于制作"香茅鸡"，还可用作调味香料及腌渍焗制菜式的原料等，也是调制潮州卤水常用的配料	

第三节　调色原料与烹饪添加剂原料

一、调色原料

　　由于菜肴原料本身的欠缺和烹调加工的要求，需要添加调色原料来增加或调配菜品的色彩。调色原料中除了包括一些调味品外，还有色素和发色剂。

　　食品生产中允许使用的色素按其来源可分为天然色素和人工合成色素两类。天然色素是从生物组织直接提取的，有红曲色素、紫胶虫色素、姜黄素、甜菜红、胡萝卜素、可可色素、叶绿铜钠、焦糖色等。人工色素是以焦油为原料合成的焦油色素，这种色素由于含有毒性，受到禁用或限用，允许使用的有苋菜红、胭脂红、柠檬黄、靛蓝等，以及实际生产中很少使用的日落黄。

二、烹饪添加剂原料

　　烹饪添加剂是烹调中因某种需要而添加的一类物质的总称。烹饪添加剂与食品工业所用添加剂基本相似，但也有不同，其来源可分为天然与化学合成两大类。在使用烹饪添加剂时首先考虑的应是其安全性，其次才是工艺性。烹饪添加剂应具有保持营养、防止腐败变质、增强感官效果、提高产品质量等作用。各种烹饪添加剂的用量应限制在规定的范围内，在使用这类物质的过程中，必须在符合烹调需要的前提下，注意控制或减少用量。表7-9列出了几种常用的烹饪添加剂。

表 7-9　　　　　　　　　　　　常用烹饪添加剂

种类	品质特征及烹饪用途
松肉粉	是一种特殊的嫩化剂，可使肉类及韧性原料改变韧性。常用于腌渍牛肉、排骨、牛仔骨、肉扒等。使用时应注意用量不宜过大（提前腌渍）。使用方法为500克的肉料加5克的松肉粉，腌渍时间是 1 ~ 4 小时
小苏打	也称食粉，是一种疏松剂，常用于某些纤维粗、韧性大的肉类原料的腌渍，如牛肉、蛇肉、猪肚等，或作韧性原料的嫩化剂。使用方法为500克的肉料加5克的食粉，腌渍时间是 3 ~ 4 小时

种类	品质特征及烹饪用途
碳酸钠	又称纯碱、苏打，为白色粉末或细粒，无臭，水溶液呈强碱性，主要用于干货原料的涨发。对蛋白质有一定的腐蚀作用，能破坏肉类原料的组织结构，促使其结构发生改变，从而使原料变得较为柔软，提高肉的嫩度。例如，将干制的鱿鱼、猪大肠、猪肚等放在含有纯碱的液中浸泡后，使之发软、膨胀，变得柔软，多水分，易于烹调
发酵粉	又称发粉、泡打粉，是一种复合膨松剂，由酸性剂、碱性剂和填充剂组成，遇水可产生二氧化碳气体，起膨松作用。常用于面点的发酵和作调制脆浆的助发原料
特丽素	全称为"复合磷酸盐制剂"，为新型食品添加剂，主要用于畜、禽及水产干货的涨法。特丽素能使海参外形快速变大、变饱满，口感特别脆滑，有弹性，但储存的时间比较短。特丽素还可使肉类原料吸水膨胀，烹调时更爽口软滑，且有保鲜作用。使用方法是500克的肉料加特丽素5克，腌渍时间是1～3小时。常用于腌渍牛肉、鱼片、肉片等
麦芽酚	白色晶状粉末，有焦奶油硬糖的特殊味道，溶于稀释溶液中可发出草莓样芳香，是一种广泛使用的香味增效剂，具有增香、固香、增甜的作用，常用于食品、饮料、酿酒。烹调中可用于焖、煲、蒸、煎、炸、卤等肉类菜肴中，如"客家咸鸡"等

第四节　食用油脂类、淀粉类及酒类原料

一、食用油脂

食用油脂可供给人体所需的热量和必需的脂肪酸，作为脂溶性维生素的载体，在膳食营养中起重要作用的一部分，在食品中表现出独特的物理和化学性质，其组成、熔融和固化特征，以及与水和其他非脂类成分的相互作用，决定了食品的软硬度、滑润感和咀嚼等各种不同的质构，这些因素对食品风味的影响非常重要，是食品加工、制造，食物烹调的重要原料之一。食用油脂可分为植物油脂和动物油脂两类。

1. 植物油脂

在自然界中，这类油脂主要来自植物的种子，储量最为丰富，是食品工业和烹饪的主要用油。主要品种有花生油、玉米油、菜籽油、芝麻油、葵花籽油、红花籽油、橄榄油、

棕榈油及不含芥酸的棉籽油。烹饪中常用的植物油脂特征及用途见表7-10。

表 7-10 植物油脂

种类	品质特征及烹饪用途
花生油	淡黄，透明，清亮，气味芬芳，滋味可口，是一种易消化的食用油。花生油含不饱和脂肪酸 80% 以上（其中含油酸 41.2%，亚油酸 37.6%），还含有软脂酸、硬脂酸和花生酸等饱和脂肪酸 19.9%。花生油的脂肪酸易被人体消化吸收，烹调中常用于高档菜肴的辅料
菜籽油	俗称菜油，又名油菜籽油、香菜油，是用油菜籽榨取的一种食用油。其色泽金黄或棕黄，有一定的刺激性气味，民间叫作"青气味"。这种气味是因其含有一定量的芥子苷所致，但特优品种的油菜籽则不含这种物质，因此不适合直接用于凉拌菜。由于菜籽油中缺少油酸等人体必需的脂肪酸，且构成也不平衡，因此营养价值要略低于一般植物油，在有条件的情况下以少食菜籽油为宜，如能与富含亚油酸的优良食用油配合食用，其营养价值将得到提高。常用于炸制食品的加工。注意高温加热后的油应避免反复使用
橄榄油	橄榄油是用初熟或成熟的油橄榄鲜果经物理冷压榨工艺提取的天然果油汁，是世界上唯一以自然状态的形式供人类食用的木本植物油。橄榄油主要分为原生橄榄油和果渣油两大类。上等的橄榄油是完全冷榨出来的，有一股很强烈的青草味道。最好的橄榄油并不是清澈透明的，有很多带果肉沉淀，很像黏稠的果汁，多用作高档菜肴的调料
棕榈油	是从棕榈的果肉中提取出来的油脂，其饱和脂肪酸和不饱和脂肪酸约各占一半。棕榈油是植物油的一种，能部分替代其他油脂，可替代的有大豆油、花生油、葵花籽油、椰子油、猪油和牛油等。棕榈油在世界范围被广泛用于烹饪和食品制造业，被当作食用油、松脆脂油和人造奶油来使用。像其他食用油一样，棕榈油易于人体消化、吸收以及促进健康。从棕榈油的成分来看，其高固体性质甘油含量可使食品避免氢化而保持平稳，并有效抗拒氧化，适合炎热的气候，成为制作糕点和面包类产品的良好辅料，深受食品制造业喜爱

2. 动物油脂

动物油脂来自家畜家禽的脂肪，也是烹调和食品生产的主要用油。烹饪中常用的动物油脂特征及用途见表7-11。

表 7-11　　　　　　　　　　　　动物油脂

种类	品质特征及烹饪用途
猪油	又称大油、荤油，由肥猪肉或猪的脂肪提炼而成，常温状态时是略带黄色的半透明液体。与一般植物油相比，猪油有不可替代的特殊香味，可以增强人们的食欲，如炒菜时加入猪油可使菜肴更为美味，特别是与萝卜、粉丝及豆制品相配时，可以获得用其他油脂难以达到的美味。猪油中含有多种脂肪酸，饱和脂肪酸和不饱和脂肪酸的含量相当，几乎平分秋色，具有一定的营养价值，并且能提供极高的热量。建议不要食用过多猪油，以免血脂增高
鸡油	将鸡腹内的脂肪飞水后放入碗内，加入姜块密封后，上笼蒸化，取出稍晾，撇取上面的油脂即成，以这种方法蒸炼出来的鸡油，水分含量重，鲜味较浓，但略带异味，过去不少厨师用这种方法制取鸡油。现在粤菜中鸡油的炼制方法与前面的不同，过程中加入了大量色拉油和呈香配料同锅炼制，制成的鸡油香味足，无一般鸡油的油腻味，无论是用于高档鲍翅菜、普通羹汤、烩菜的打明油（或称包尾油），还是用作清炒、鲜熘的底油，以及清蒸、白灼类菜式的淋热油，效果都很好
牛油	也称黄油、奶油，是从牛奶中提取的油脂。从牛脂肪层提炼出的油脂也称牛油，是一种最健康的食用油脂。牛油味甘、性温、有微毒，可治各种疮疥癣等所致的白斑秃病，因有诱发旧病老疮等复发之患，故不宜多食。烹调中常用于制作特殊风味菜式的调辅料，也可用于面点类制品

3. 食用油脂的品质鉴选及储存

（1）食用油脂的品质鉴选主要从其气味、滋味、颜色、透明度、水分、杂质及沉淀物等方面来进行。

（2）食用油脂储存时要密封，并且注意清洁卫生，盛装容器要干净，要避免日光直接照射。不能长时间加热，要及时清除油内杂质，新油与旧油不要混放。

（3）造成油脂变质的因素有空气、阳光、温度、微量元素、水分等，因为这些因素会加速油脂的氧化及水解。

小知识

潲水油与合格食用油

　　潲水油是不法商贩将收集来的潲水，经过水油分离、过滤、去味等工序处理后重新得到的油，一般看起来比较清澈，很难辨别其与合格食用油的区别，但由于其含有污水、霉菌等各种杂质，经过长时间放置会酸败、发霉等，食用后会引起头昏、头痛、恶心、呕吐、腹部疼痛以及肠胃道疾病。

二、淀粉类原料

1. 玉米淀粉

　　玉米淀粉又称玉米粉、粟米淀粉、粟粉、生粉（香港地区的叫法），是从玉米粒中提炼出的淀粉，也是供应量最多的淀粉，但性能不如马铃薯淀粉好。主要用于菜品的勾芡、肉类原料的腌渍、蒸制肉类菜肴的拌粉等。

2. 太白粉

　　太白粉即生的马铃薯淀粉，也称土豆淀粉，家庭使用最多，是质量最稳定的勾芡淀粉，台湾地区称为太白粉。太白粉黏性足，质地细腻，色洁白，光泽优于绿豆淀粉，但吸水性差，加水遇热后会凝结成透明的黏稠状。在中式烹调（尤其是台菜）中经常将太白粉加冷水调匀后加入煮好的菜肴中作勾芡，使汤汁看起来浓稠，同时使食物外表看起来有光泽。港菜芡汁一般用生粉（玉米粉），因用太白粉勾芡的汤汁在放凉后会变得较稀，称为"还水"而用，玉米淀粉勾芡的汤汁在放凉后不会有变化。

3. 番薯粉

　　番薯粉也称地瓜淀粉、山芋淀粉，是由番薯制成的粉末，吸水能力强，但黏性较差，无光泽，色暗红带黑。一般地瓜粉呈颗粒状，有粗粒和细粒两种，通常家庭购买以粗粒的地瓜粉为佳。地瓜粉与太白粉一样，溶于水后加热会呈现黏稠状，但地瓜粉的黏度较太白粉更高，且较难控制，因此在菜肴勾芡时较少使用，而主要用于中式点心的制作或原料的"上粉"。

4. 葛粉

　　葛粉是用一种多年生植物葛的地下节茎做成的，因其整个节茎几乎就是纯淀粉，将这些节茎刨丝、清洗、烘干、磨粉即成葛粉。葛粉可用于将汤汁变得浓稠，和玉米淀粉及太白粉的作用类似，但玉米淀粉、太白粉需在较高的温度时才会使汤汁呈现浓稠状，而葛粉则在较低的温度时即发生作用，如制作含有蛋的美式布丁时，因蛋很容易在较高的温度时结块，很适合用葛粉作增稠剂。葛粉在行业中较少使用。

5. 木薯粉

　　木薯淀粉又称菱粉、泰国生粉（因为泰国是世界上第三大木薯生产国，仅次于尼日利亚和巴西，在泰国一般用它做淀粉），色泽灰白，手感细滑。木薯粉加水煮熟后会呈透明状，口感软滑带有弹性。

6. 西谷椰子淀粉

这种淀粉在我国不常见，主要出产于菲律宾、印度尼西亚、马来西亚和巴布亚新几内亚等国家的许多岛屿，常用于制作甜品，如"椰汁香芋西米露""红豆西米露"等。

7. 绿豆淀粉

绿豆淀粉又称豆粉，是用绿豆碾成的粉末，色泽洁白、手感细嫩，是行业中最佳的勾芡淀粉，由于该粉产量不多故行业中很少使用。其特点是黏性足，吸水性小，勾芡后菜品色洁白而有光泽。

三、酒类原料

酒类原料在烹饪中应用广泛，其特殊的化学成分及所含的多种氨基酸在加热时会发生变化，使菜肴达到增香、提鲜的目的。烹饪中常用的酒类有黄酒、啤酒、白酒、葡萄酒和各类酒糟。

1. 黄酒

黄酒是世界上最古老的酒类之一，源于中国，且唯中国有之，与啤酒、葡萄酒并称世界三大古酒。其中以浙江绍兴黄酒为代表的麦曲稻米酒历史最悠久、最有代表性。

黄酒是一种以稻米为原料酿制而成的粮食酒。与白酒不同，黄酒没有经过蒸馏，酒精含量一般低于20%，不同种类黄酒的颜色呈现出不同的米色、黄褐色或红棕色。山东即墨老酒是北方粟米黄酒的典型代表；福建龙岩沉缸酒、福建老酒是红曲稻米黄酒的典型代表。黄酒香气浓郁，甘甜味美，风味醇厚，酒精含量适中，并含有氨基酸、糖、醋、有机酸和多种维生素等，是烹调中不可缺少的主要调味品之一。人们都喜欢用黄酒作料酒，在烹制荤菜时，特别是羊肉、鱼鲜时加入少许，不仅可去腥膻还能增加鲜美的风味。在制作炖汤时加点黄酒可增香去除异味。黄酒在烹饪中主要用于原料的腌渍、烹制菜肴时的"赞酒"或特殊菜肴的调味等，如"黄酒焖鸭"。

2. 啤酒

啤酒是人类最古老的酒精饮料，是继水和茶之后世界上消耗量排名第三的饮料。啤酒于20世纪初传入中国，属外来酒种。

啤酒是以大麦芽、酒花、水为主要原料，经酵母发酵作用酿制而成的饱含二氧化碳的低酒精度酒。其含酒精度最低，营养价值高，含碳水化合物、蛋白质、二氧化碳、维生素及钙、磷等，有"液体面包"之称，经常饮用有消暑解热、帮助消化、开胃健脾、增进食欲等功效。啤酒在烹饪中主要用于肉料的腌渍、部分风味菜肴的调味、去异味等，如制作"啤酒鸡""啤酒鸭"等。

烹调小技巧：

（1）肉丝或肉片在炒制前，用淀粉加啤酒调糊挂浆，烹制后肉片或肉丝会更加鲜嫩爽口。

（2）腌制酱菜时，加一点啤酒可使酱菜味道更鲜美。

（3）如果在火锅中加少许啤酒，火锅里的肉会变得滑嫩而不老。

3. 白酒

白酒以曲类、酒母为糖化发酵剂，利用淀粉质（糖质）原料，经蒸煮、糖化、发酵、蒸馏、陈酿和勾兑酿制而成。按酒度的高低可分为高度白酒和低度白酒。高度白酒是按我国传统生产方式生产的白酒，酒度多在55度以上，一般不超过65度。低度白酒采用了降度工艺，酒度一般在38度，也有20多度的。白酒常用于各种肉类原料的腌渍，并具有去异味、解腻的作用。

烹调小技巧：

（1）烹调菜肴时，如果加醋过多，味道太酸，只要往菜里洒一点白酒，即可减轻酸味。

（2）酒能解腥起香，使菜肴鲜美可口，但也要用得恰到好处，否则难以达到效果，甚至会适得其反。

（3）白酒对某些中药材中的营养成分有溶解作用，有利于饮用者的健康。

（4）腌渍肥肉时加入适量高浓度白酒，半小时后烹制，肥肉不会肥腻，且口感清爽。

思考与练习

1. 通过对调味原料市场的调查，谈谈自己所认识的调味原料有哪些。
2. 通过对干货香料市场的调查，谈谈自己所认识的干货香料有哪些。
3. 通过学习，谈谈自己对食品添加剂用量的认识。
4. 试比较玉米粉、太白粉、番薯粉的品质特征及其烹饪中的应用。
5. 简述酒类原料在烹饪中的作用。